大学数学基础习题集

主 编 邓重阳 吴惠仙

ZHEJIANG UNIVERSITY PRESS
浙江大学出版社
·杭州·

图书在版编目(CIP)数据

大学数学基础习题集 / 邓重阳，吴惠仙主编.— 杭州：浙江大学
出版社，2023.7

ISBN 978-7-308-23998-1

Ⅰ.①大… Ⅱ.①邓…②吴… Ⅲ.①高等数学－高等学校－
习题集 Ⅳ.①O13-44

中国国家版本馆 CIP 数据核字(2023)第 122158 号

大学数学基础习题集

DAXUE SHUXUE JICHU XITIJI

邓重阳　吴惠仙　主编

责任编辑	王　波
责任校对	吴昌雷
封面设计	雷建军
出版发行	浙江大学出版社
	（杭州市天目山路 148 号　邮政编码 310007）
	（网址:http://www.zjupress.com）
排　版	杭州晨特广告有限公司
印　刷	杭州高腾印务有限公司
开　本	710mm×1000mm　1/16
印　张	5.75
字　数	106 千
版 印 次	2023 年 7 月第 1 版　2023 年 7 月第 1 次印刷
书　号	ISBN 978-7-308-23998-1
定　价	25.00 元

前 言

数学,因其高度的抽象性,让大部分学生都或多或少地曾产生过畏难情绪.在大学阶段,数学类课程一直高居挂科率榜首,可以说是"一直被追赶、从未被超越".

造成大学数学类课程挂科率高的原因有很多.如:从内容上看,课程的知识点密集度远超高中数学;从教学方式上看,囿于课时的限制,课堂上老师的讲解远不如中学课堂上那么详尽.

当然,大学数学与中学数学内容上的衔接不够融洽也是重要的原因之一.相比于高中数学教材在新世纪以来多次颠覆性的改版,大学数学教材的改版则显得温柔得多,这就导致大学数学课程的一些前置内容学生在中学生没有接触过.为了解决这一问题,浙江工业大学的老师们已编写了《大学数学基础》一书,该书在大学数学与中学数学的内容之间已架起了一座很好的桥梁.

在数学学习过程中,解题训练对知识点的熟悉和掌握起着决定性的作用.因此,为了进一步帮助大学新生们在入学前掌握好衔接所需的知识,更快地适应大学数学的学习,我们组织杭州电子科技大学承担大学数学课程教学任务的老师们编写了这本《大学数学基础习题集》.

本书的一个突出特点是注明了知识点或解题方法等在大学数学课程中何处会用到.这样,一方面使学生在学习时能明确感知其在大学数学课程中的作用,加强学习的目的性;另一方面,使学生能提前接触到若干大学数学知识,学生在入学后学到该知识点时那种似曾相识的感觉有助于消除抗拒情绪.

本书由邓重阳、吴惠仙主编与统稿.根据浙江工业大学老师们编写的《大学数学基础》教材,共分十二章(其中最后两章作为附录1、2).分别是集合与映射(吴惠仙)、函数及其基本性质(熊瑜)、三角公式(刘建贞)、反三角函数(吴惠仙)、极坐标与参数方程(王阳)、线性方程组求解(韩广国)、复数与向量(邓琴)、计数原理与排列组合(杨建芳)、常用不等式(张海英)、数列极限简介(沈健)、一元多项式函数(韩广国)、坐标变换与矩阵(沈健).每章由知识要点、例题精选、练习题三部分组成.附录3提供了练习题答案或提示.

在本书的编撰过程中,我们得到了杭州电子科技大学教务处和理学院的大力支持.浙江大学出版社的王波编辑也在本书编辑出版过程中提供了许多支持,在此一并向他们表示衷心的感谢!

编　者

2023 年 6 月于杭州电子科技大学

目录

第一章

集合与映射

一、知识要点

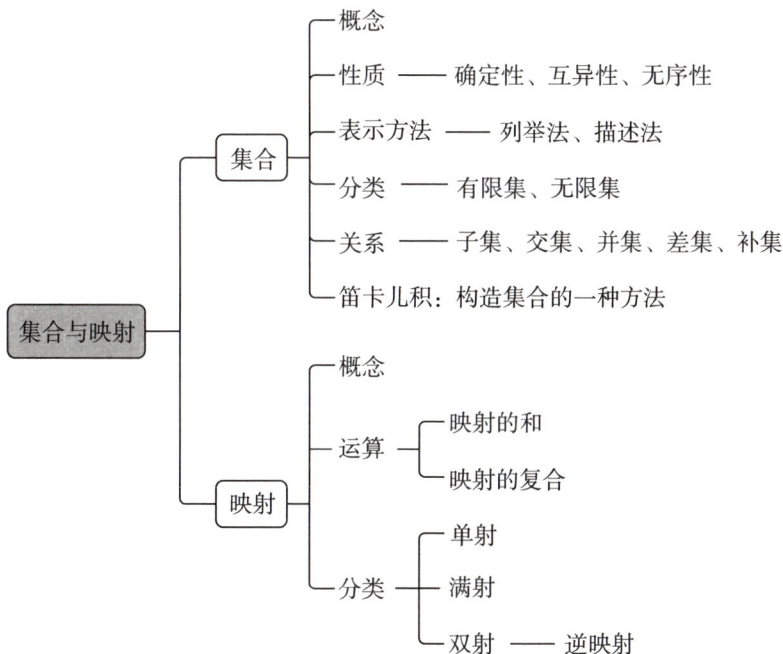

二、例题精选

例 1 判断下列三组集合的关系.

(1)$\{1,2\}$、$\{2,1\}$;

(2)$\{(1,2)\}$、$\{(2,1)\}$;

(3)$\varnothing$、$\{\varnothing\}$.

解 (1) 根据集合的无序性,得 $\{1,2\}=\{2,1\}$;

(2) 因为 $(1,2)$ 与 $(2,1)$ 表示不同的二元有序数组,所以

$$\{(1,2)\} \neq \{(2,1)\} \text{ 且 } \{(1,2)\} \bigcap \{(2,1)\} = \varnothing;$$

(3) $\varnothing$ 表示空集,$\{\varnothing\}$ 表示含有空集这个元素的集合,所以 $\varnothing \in \{\varnothing\}$.

例 2 设集合 A 含有 5 个元素,则 A 的子集共有多少个?

解 A 中含 0 个元素的子集,即空集,有 1 个;

A 中含 1 个元素的子集有 $C_5^1 = 5$ 个;

A 中含 2 个元素的子集有 $C_5^2 = 10$ 个;

A 中含 3 个元素的子集有 $C_5^3 = 10$ 个;

A 中含 4 个元素的子集有 $C_5^4 = 5$ 个;

A 中含 5 个元素的子集有 $C_5^5 = 1$ 个;

所以 A 的子集共有 $1 + 5 + 10 + 10 + 5 + 1 = 32$ 个.

例 3 设 $A = \{1,2,3\}, B = \{x,y\}$,求笛卡尔积 $A \times B$ 和 $B \times A$.

解 $A \times B = \{(1,x),(1,y),(2,x),(2,y),(3,x),(3,y)\};$

$B \times A = \{(x,1),(x,2),(x,3),(y,1),(y,2),(y,3)\}.$

例 4 设映射 $f:\mathbf{R} \to \mathbf{R}, f(x) = \mathrm{e}^x, g:\mathbf{R} \to \mathbf{R}, g(x) = 1+x, h:\mathbf{R} \to \mathbf{R}, h(x) = x^2$,求 $f \circ g \circ h(x)$ 和 $f \circ h \circ g(x)$.

解 $f \circ g \circ h(x) = f(g(h(x))) = \mathrm{e}^{1+x^2};$

$f \circ h \circ g(x) = f(h(g(x))) = \mathrm{e}^{(1+x)^2}.$

例 5 设 $\otimes:\mathbf{R}^+ \times \mathbf{R}^+ \to \mathbf{R}^+, (r,s) \mapsto r^s, r,s \in \mathbf{R}^+$,即 $r \otimes s = r^s$,求 $2 \otimes 3$ 和 $3 \otimes 2$,并证明"$\otimes$"是 $\mathbf{R}^+$ 上的一个二元运算.

解 $2 \otimes 3 = 2^3 = 8, 3 \otimes 2 = 3^2 = 9;$

因为对 $\forall r,s \in \mathbf{R}^+$,都有唯一的 $r^s \in \mathbf{R}^+$,使得 $\otimes:(r,s) \to r^s$,所以"$\otimes$"是 $\mathbf{R}^+ \times \mathbf{R}^+$ 到 $\mathbf{R}^+$ 的一个映射,即"$\otimes$"是 $\mathbf{R}^+$ 上的一个二元运算.

例 6 设映射 $f:A \to B$,若存在映射 $g:B \to A$ 使 $g \circ f = 1_A$ 或 $f \circ g = 1_B$,讨论 f 是否为可逆映射.

解 不一定.

反例:$f:\mathbf{R}^+ \to \mathbf{R}, f(x) = x, g:\mathbf{R} \to \mathbf{R}^+, g(x) = |x|$,有 $g \circ f = 1_A$,但 f 不是满射,g 不是单射,所以 f 和 g 都不是可逆映射.

习　题

1.已知集合 $A = \{1,3,\sqrt{a}\}$，$B = \{1,a\}$，且 $A \cap B = B$，求 a 的值.

2.设集合 $A = \left\{x \in \mathbf{R} \left| 0 \leqslant \dfrac{x^2-1}{x-1} \leqslant 2\right.\right\}$，$B = \left\{x \in \mathbf{R} \left| 0 \leqslant x+1 \leqslant 2\right.\right\}$，$C = \left\{x \in \mathbf{R} \left| 0 < |x| \leqslant 1\right.\right\}$，问:下列关系式是否正确?为什么?(1)$A = B$;(2)$B = C$;(3)$A = C$.

3.设集合 $A = \{1,2,3,4,5,6,7,8\}$，$B = \{2,4,6,8,10\}$，$C = \{1,3,5,7\}$，求集合 $A \backslash B$ 和 C^c.

4.设集合 $A = \{x,y,z\}$，$B = \{1,2\}$，求笛卡尔积 $A \times B$ 和 $B \times A$.问:$A \times B = B \times A$ 成立吗?

5.设集合 $A = \{a,b,c,d\}$，问:集合 A 的子集共有多少个?列出 A 的所有真子集.

6.已知集合 $A = \{(x,y) \mid x^2 + y^2 = 1, x, y \in \mathbf{R}\}, B = \{(x,y) \mid x = y, x, y \in \mathbf{R}\}$,求 $A \bigcap B$.

7.已知集合 $A = \{x \mid |x-a| < 1, x \in \mathbf{R}\}, B = \{x \mid |x-b| > 2, x \in \mathbf{R}\}$,如果 $A \subseteq B$,求实数 a, b 的关系.

8.设映射 $f:\mathbf{R} \rightarrow \mathbf{R}, f(x) = x, g:\mathbf{R} \rightarrow \mathbf{R}, g(x) = \sqrt{x^2}$,问:$f$ 和 g 是否表示同一个映射?为什么?

9.已知集合 $A = \{1,2,3,a\}, B = \{4,7,b^2 + 3b, b^4\}$,其中 b 为正整数,如果存在映射 $f:A \rightarrow B, f(x) = 3x + 1$,求 a, b 的值.

10.设映射 $f:\mathbf{R} \rightarrow \mathbf{R}, f(x) = x^3, g:\mathbf{R}^+ \rightarrow \mathbf{R}, g(x) = \ln x$,判断下列映射复合之后是否还是映射. 如果是映射,则写出此映射的对应法则;如果不是,说明理由. (1) $f \circ g$;(2) $g \circ f$.

11.已知映射 f 满足：$f(x+y)=f(x)f(y)$，且 $f(2)=a$，求

$$\frac{f(2)}{f(0)}+\frac{f(2\times 2)}{f(2)}+\frac{f(2\times 3)}{f(2\times 2)}+\cdots+\frac{f(2\times 100)}{f(2\times 99)}.$$

12.已知映射 $f:\mathbf{R}^+\to\mathbf{R}$，满足 $f(xy)=f(x)+f(y)$.

（1）求 $f(1)$；

（2）证明：$\forall\, x\in\mathbf{R}^+$，有 $f\left(\dfrac{1}{x}\right)=-f(x)$.

13.已知 f_1,f_2 都是 $\mathbf{R}\to\mathbf{R}$ 的映射，且 $\forall\, x\in\mathbf{R}$ 有 $f_1(x)=x^3$，$f_2(x)=x$，定义映射 $f:\mathbf{R}\to\mathbf{R}\times\mathbf{R}$，$x\mapsto(f_1(x),f_2(x))=(x^3,x)$，称这类映射 f 为向量值映射.求 $f(2)$ 和 $f(3)$.

14.已知映射 $f:\mathbf{R}\to\mathbf{R}$，$f(x)=\dfrac{2^x}{2^x+1}$，问：映射 f 是单射、满射还是双射？并说明理由.

15.举例说明，存在不可逆映射 $f:A\to B$，$g:B\to A$ 使得 $f\circ g=1_B$.

第二章　函数及其基本性质

一、知识要点

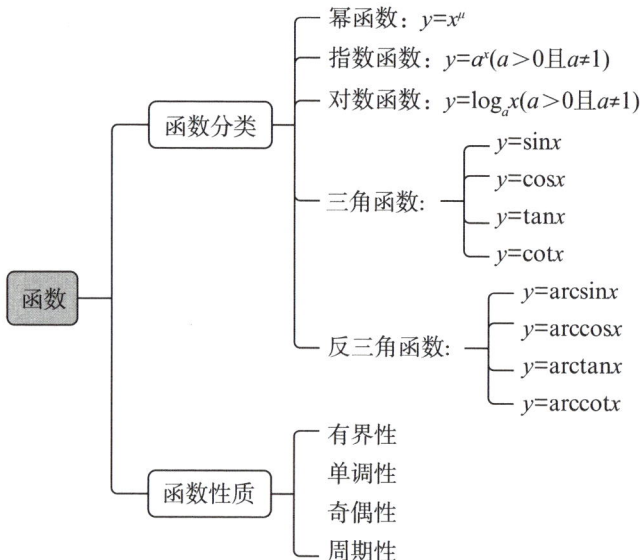

幂函数：$y = x^{\mu}$

指数函数：$y = a^x (a > 0$ 且 $a \neq 1)$

对数函数：$y = \log_a x (a > 0$ 且 $a \neq 1)$

三角函数：
- $y = \sin x$
- $y = \cos x$
- $y = \tan x$
- $y = \cot x$

反三角函数：
- $y = \arcsin x$
- $y = \arccos x$
- $y = \arctan x$
- $y = \operatorname{arccot} x$

函数 ── 函数分类

函数 ── 函数性质：
- 有界性
- 单调性
- 奇偶性
- 周期性

二、例题精选

例 1　求函数 $y = \arccos \sqrt{x-3}$ 的定义域.

解　由于 $\arccos x$ 的定义域为 $x \in [-1,1]$，因此 $0 \leqslant \sqrt{x-3} \leqslant 1$，解得 $3 \leqslant x \leqslant 4$，即函数 $y = \arccos \sqrt{x-3}$ 的定义域为 $[3,4]$.

例 2　设函数 $y = f(x)$ 的定义域为 $[1,2]$，求 $f\left(\dfrac{1}{x+1}\right)$ 的定义域.

解　由 $1 \leqslant \dfrac{1}{x+1} \leqslant 2$，解得 $-\dfrac{1}{2} \leqslant x \leqslant 0$，故 $f\left(\dfrac{1}{x+1}\right)$ 的定义域为 $\left[-\dfrac{1}{2}, 0\right]$.

例 3　写出函数 $y = \dfrac{x}{1-x}$ 的单调区间.

解　$y = \dfrac{x}{1-x} = \dfrac{1}{1-x} - 1$,所以函数在 $(-\infty, 1)$ 与 $(1, +\infty)$ 内单调增加.

例 4　判断下列函数的奇偶性.

$(1) y = 3x^2 - x^3$;

$(2) y = \dfrac{1-x^2}{1+x^2}$;

$(3) y = x\sin^2 x$;

$(4) y = x\mathrm{e}^{-|\sin x|}$.

解　$(1) y = f(x) = 3x^2 - x^3$,

由于 $f(-x) = 3(-x)^2 - (-x)^3 = 3x^2 + x^3$,故函数既不是奇函数也不是偶函数;

$(2) y = f(x) = \dfrac{1-x^2}{1+x^2}$,

由于 $f(-x) = \dfrac{1-(-x)^2}{1+(-x)^2} = \dfrac{1-x^2}{1+x^2} = f(x)$,故函数是偶函数;

$(3) y = f(x) = x\sin^2 x$

由于 $f(-x) = -x\sin^2(-x) = -x\sin^2 x = -f(x)$,故函数是奇函数;

$(4) y = f(x) = x\mathrm{e}^{-|\sin x|}$

因为 $f(-x) = -x\mathrm{e}^{-|\sin(-x)|} = -x\mathrm{e}^{-|\sin x|} = -f(x)$,所以 $f(x)$ 为奇函数.

例 5　下列函数哪些是周期函数?对于周期函数,指出其最小正周期.

$(1) y = \sin(x-1)$;

$(2) y = 1 + \cos\pi x$;

$(3) y = x\cos x$;

$(4) y = \sin^2 x$.

解　$(1) y = \sin(x-1)$ 是以 2π 为最小正周期的周期函数;

$(2) y = 1 + \cos\pi x$ 是以 2 为最小正周期的周期函数;

$(3) y = x\cos x$ 不是周期函数;

$(4) y = \sin^2 x = \dfrac{1-\cos 2x}{2}$ 是以 π 为最小正周期的周期函数.

习 题

1.求函数 $y = \arcsin(x-1)$ 的定义域.

2.求函数 $y = \sqrt{3-x} + \arctan\dfrac{1}{x}$ 的定义域.

3.设函数 $y = f(x)$ 的定义域为 $[-1,2]$,求 $f\left(\dfrac{1}{x-2}\right)$ 的定义域.

4.写出下列函数的单调区间.

(1) $y = x + x^2$;

(2) $y = \sqrt[3]{x^2}$;

(3) $y = e^x - x - 1$;

(4) $y = x - \sin x (x \in [-\pi, \pi])$.

5.判断下列函数的奇偶性.

(1) $y = \dfrac{e^x + e^{-x}}{2}$；

(2) $y = \sin x + \cos x + 2$；

(3) $y = (1 + x^2)\tan x$；

(4) $y = x^3\, 2^{|\arctan x|}$.

6.下列各函数哪些是周期函数?对于周期函数,指出其最小正周期.

(1) $y = \cos 3x$；

(2) $y = 2 - \sin \pi x$；

(3) $y = x^2 \sin x$；

(4) $y = \tan(x + 1)$.

第三章　三角公式

一、知识要点

```
                        ┌─ 基础公式 ─── 诱导公式
                        │
                        │              ┌─ 两角和差公式
                        │              │
                        │              ├─ 二倍角公式
                        │              │
                        │              ├─ 半角公式
                        │              │
    三角公式 ───────────┼─ 常用公式 ───┼─ 万能公式
                        │              │
                        │              ├─ 和差化积公式
                        │              │
                        │              ├─ 积化和差公式
                        │              │
                        │              └─ 平方公式
                        │
                        └─ 拓展公式 ─── 欧拉公式
```

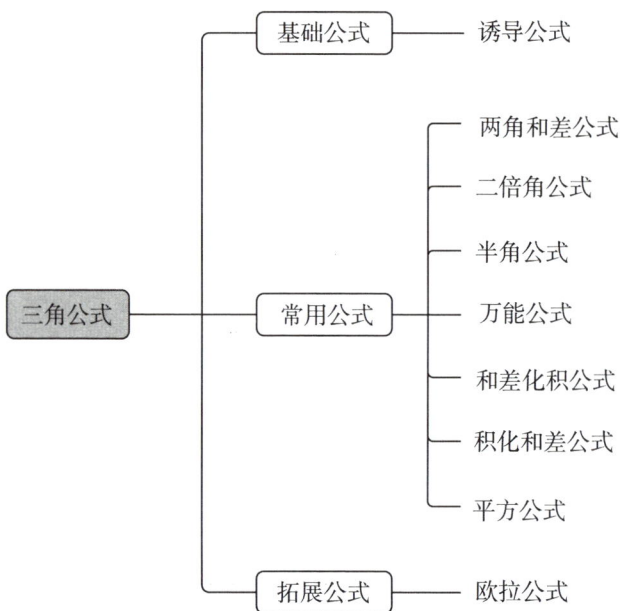

1. 诱导公式("奇变偶不变,符号看象限"):

$\sin(2k\pi + \alpha) = \sin\alpha$；　$\cos(2k\pi + \alpha) = \cos\alpha$；

$\sin(\pi + \alpha) = -\sin\alpha$；　$\cos(\pi + \alpha) = -\cos\alpha$；

$\sin(-\alpha) = -\sin\alpha$；　$\cos(-\alpha) = \cos\alpha$；

$\sin(\pi - \alpha) = \sin\alpha$；　$\cos(\pi - \alpha) = -\cos\alpha$；

$\sin(2\pi - \alpha) = -\sin\alpha$；　$\cos(2\pi - \alpha) = \cos\alpha$；

$\sin(\frac{\pi}{2} + \alpha) = \cos\alpha$；　$\cos(\frac{\pi}{2} + \alpha) = -\sin\alpha$.

2.常用公式：

（1）两角和差公式

①$\sin(\alpha + \beta) = \sin\alpha\cos\beta + \cos\alpha\sin\beta$；

②$\sin(\alpha - \beta) = \sin\alpha\cos\beta - \cos\alpha\sin\beta$；

③$\cos(\alpha + \beta) = \cos\alpha\cos\beta - \sin\alpha\sin\beta$；

④$\cos(\alpha - \beta) = \cos\alpha\cos\beta + \sin\alpha\sin\beta$；

⑤$\tan(\alpha + \beta) = \dfrac{\tan\alpha + \tan\beta}{1 - \tan\alpha\tan\beta}$；

⑥$\tan(\alpha - \beta) = \dfrac{\tan\alpha - \tan\beta}{1 + \tan\alpha\tan\beta}$；

（2）二倍角公式

⑦$\sin 2\alpha = 2\sin\alpha\cos\alpha$；

⑧$\cos 2\alpha = \cos^2\alpha - \sin^2\alpha = 1 - 2\sin^2\alpha = 2\cos^2\alpha - 1$；

⑨$\tan 2\alpha = \dfrac{2\tan\alpha}{1 - \tan^2\alpha}$；

（3）半角公式

⑩ $\sin^2\alpha = \dfrac{1 - \cos 2\alpha}{2}$；

⑪ $\cos^2\alpha = \dfrac{1 + \cos 2\alpha}{2}$；

⑫ $\tan^2\alpha = \dfrac{1 - \cos 2\alpha}{1 + \cos 2\alpha}$；

（4）万能公式

⑬$\sin\alpha = \dfrac{2\tan\dfrac{\alpha}{2}}{1 + \tan^2\dfrac{\alpha}{2}}$；

⑭$\cos\alpha = \dfrac{1 - \tan^2\dfrac{\alpha}{2}}{1 + \tan^2\dfrac{\alpha}{2}}$；

⑮$\tan\alpha = \dfrac{2\tan\dfrac{\alpha}{2}}{1 - \tan^2\dfrac{\alpha}{2}}$；

（5）和差化积公式

⑯$\sin\alpha + \sin\beta = 2\sin\dfrac{\alpha + \beta}{2}\cos\dfrac{\alpha - \beta}{2}$；

⑰ $\sin\alpha - \sin\beta = 2\cos\dfrac{\alpha+\beta}{2}\sin\dfrac{\alpha-\beta}{2}$；

⑱ $\cos\alpha + \cos\beta = 2\cos\dfrac{\alpha+\beta}{2}\cos\dfrac{\alpha-\beta}{2}$；

⑲ $\cos\alpha - \cos\beta = -2\sin\dfrac{\alpha+\beta}{2}\sin\dfrac{\alpha-\beta}{2}$；

（6）积化和差公式

⑳ $\sin\alpha\sin\beta = -\dfrac{1}{2}\big[\cos(\alpha+\beta) - \cos(\alpha-\beta)\big]$；

㉑ $\cos\alpha\cos\beta = \dfrac{1}{2}\big[\cos(\alpha+\beta) + \cos(\alpha-\beta)\big]$；

㉒ $\sin\alpha\cos\beta = \dfrac{1}{2}\big[\sin(\alpha+\beta) + \sin(\alpha-\beta)\big]$；

（7）平方和公式

㉓ $\sin^2\alpha + \cos^2\alpha = 1$；

㉔ $\sec^2\alpha = 1 + \tan^2\alpha$；

㉕ $\csc^2\alpha = 1 + \cot^2\alpha$.

3.（拓展公式）欧拉公式：

㉖ $\mathrm{e}^{\mathrm{i}\theta} = \cos\theta + \mathrm{i}\,\sin\theta$.

二、例题精选

例 1　用欧拉公式：$\mathrm{e}^{\mathrm{i}\theta} = \cos\theta + \mathrm{i}\,\sin\theta$，证明：

（1）$\sin(\alpha-\beta) = \sin\alpha\cos\beta - \cos\alpha\sin\beta$；

（2）$\cos(\alpha-\beta) = \cos\alpha\cos\beta + \sin\alpha\sin\beta$.

证明　根据欧拉公式：$\mathrm{e}^{\mathrm{i}\theta} = \cos\theta + \mathrm{i}\,\sin\theta$，可得

$$\cos(\alpha-\beta) + \mathrm{i}\,\sin(\alpha-\beta)$$

$$= \mathrm{e}^{\mathrm{i}(\alpha-\beta)} = \mathrm{e}^{\mathrm{i}\alpha} \cdot \mathrm{e}^{-\mathrm{i}\beta}$$

$$= (\cos\alpha + \mathrm{i}\,\sin\alpha) \cdot \big[\cos(-\beta) + \mathrm{i}\,\sin(-\beta)\big]$$

$$= \big[\cos\alpha\cos(-\beta) - \sin\alpha\sin(-\beta)\big] + \mathrm{i}\big[\sin\alpha\cos(-\beta) + \cos\alpha\sin(-\beta)\big]$$

$$= (\cos\alpha\cos\beta + \sin\alpha\sin\beta) + \mathrm{i}(\sin\alpha\cos\beta - \cos\alpha\sin\beta).$$

因而，由复数相等可得

$$\sin(\alpha-\beta) = \sin\alpha\cos\beta - \cos\alpha\sin\beta, \cos(\alpha-\beta) = \cos\alpha\cos\beta + \sin\alpha\sin\beta.$$

注　利用欧拉公式可以方便地证明两角和差公式，而几乎所有的三角公式都可以由两角和差公式得到. 欧拉公式在高等数学的微分方程、无穷级数等章节中都会用到.

例 2 证明:在 $\triangle ABC$ 中,$\tan C = -\tan(A+B)$.

证明 在 $\triangle ABC$ 中,有 $A+B+C=\pi \Leftrightarrow C=\pi-(A+B)$. 根据三角公式

$$\sin(\pi-\alpha)=\sin\alpha;$$

$$\cos(\pi-\alpha)=-\cos\alpha.$$

相应的诱导公式有:$\sin C=\sin(A+B)$;$\cos C=-\cos(A+B)$,从而

$$\tan C=-\tan(A+B).$$

例 3 在 $\triangle ABC$ 中,a,b,c 分别是角 A,B,C 的对边,已知 $\cos B+\sqrt{3}\sin B=2$,$b=\sqrt{3}$,求 $a+c$ 的取值范围.

解 由已知 $\dfrac{1}{2}\cos B+\dfrac{\sqrt{3}}{2}\sin B=1$,可得 $\sin\left(B+\dfrac{\pi}{6}\right)=1$,所以 $B=\dfrac{\pi}{3}$.

$$\frac{a}{\sin A}=\frac{b}{\sin B}=\frac{c}{\sin C}=2,$$

$$a+c=2(\sin A+\sin C)=2\left[\sin A+\sin\left(\frac{2\pi}{3}-A\right)\right]$$

$$=2\sqrt{3}\left(\frac{\sqrt{3}}{2}\sin A+\frac{1}{2}\cos A\right)$$

$$=2\sqrt{3}\sin\left(A+\frac{\pi}{6}\right).$$

因为 $B=\dfrac{\pi}{3}$,所以 $0<A<\dfrac{2\pi}{3}$,从而 $\dfrac{1}{2}<\sin\left(A+\dfrac{\pi}{6}\right)<1$,所以

$$a+c=2\sqrt{3}\sin\left(A+\frac{\pi}{6}\right)\in(\sqrt{3},2\sqrt{3}).$$

例 4 证明 $\sin\left(\dfrac{3}{2}\pi+\alpha\right)=-\cos\alpha$.(在高阶导数这一节会用到)

证明 由两角和公式

$$\sin\left(\frac{3}{2}\pi+\alpha\right)=\sin\frac{3}{2}\pi\cos\alpha+\cos\frac{3}{2}\pi\sin\alpha=-\cos\alpha.$$

例 5 把 $\sin 2\alpha+\cos 3\beta$ 化成乘积的形式.(在极限计算中会用到)

解 由三角公式 $\cos 3\beta=\sin\left(\dfrac{\pi}{2}-3\beta\right)$,和差化积公式 $\sin\alpha+\sin\beta=2\sin\dfrac{\alpha+\beta}{2}\cos\dfrac{\alpha-\beta}{2}$,可得

$$\sin 2\alpha+\cos 3\beta=\sin 2\alpha+\sin\left(\frac{\pi}{2}-3\beta\right)$$

$$=2\sin\frac{1}{2}\left(2\alpha+\frac{\pi}{2}-3\beta\right)\cos\frac{1}{2}\left(2\alpha-\frac{\pi}{2}+3\beta\right).$$

例 6　把 $\sin 2\alpha \cos 3\beta$ 化成三角函数加减的形式.(在积分计算中会用到)

解　由积化和差公式 $\sin\alpha\cos\beta = \dfrac{1}{2}\left[\sin(\alpha+\beta) + \sin(\alpha-\beta)\right]$,可得

$$\sin 2\alpha\cos 3\beta = \frac{1}{2}\left[\sin(2\alpha+3\beta) + \sin(2\alpha-3\beta)\right].$$

例 7　证明 $\cos 4x = 8\cos^4 x - 8\cos^2 x + 1$.(在积分计算中会用到)

证明　根据二倍角公式 $\cos 2x = 2\cos^2 x - 1$,可得

$$
\begin{aligned}
\cos 4x &= 2\cos^2 2x - 1 \\
&= 2(2\cos^2 x - 1)^2 - 1 \\
&= 8\cos^4 x - 8\cos^2 x + 1.
\end{aligned}
$$

例 8　证明 $\cos\left(\dfrac{5\pi}{2} + 2\alpha\right) = -\dfrac{2\tan\alpha}{1+\tan^2\alpha}$.(在积分计算中会用到)

证明　由三角公式 $\cos\left(\dfrac{\pi}{2} + \alpha\right) = -\sin\alpha$,万能公式 $\sin\alpha = \dfrac{2\tan\dfrac{\alpha}{2}}{1+\tan^2\dfrac{\alpha}{2}}$,可得

$$
\begin{aligned}
\cos\left(\frac{5\pi}{2} + 2\alpha\right) &= -\sin 2\alpha \\
&= -\frac{2\tan\alpha}{1+\tan^2\alpha}.
\end{aligned}
$$

例 9　证明 $\csc^2 x = 1 + \cot^2 x$.(在积分计算中会用到)

证明　由 $\csc x = \dfrac{1}{\sin x}$,可得

$$
\begin{aligned}
\csc^2 x &= \frac{1}{\sin^2 x} \\
&= \frac{\sin^2 x + \cos^2 x}{\sin^2 x} \\
&= 1 + \cot^2 x.
\end{aligned}
$$

注　三角函数及其恒等式在大学数学中有较多的应用,如例 5 至例 9 中用到的和差化积、积化和差、半角倍角公式、万能公式、正割余割和正弦余弦关系、正割余割和正切余切关系等,在大学数学的求极限、求导数和求积分等基本运算中都会涉及.

下面介绍一个在大学数学用三角函数公式求极限的题.

例 10　如果已知 $\lim\limits_{x\to 0}\dfrac{\sin x}{x} = 1$,求 $\lim\limits_{x\to 0}\dfrac{1-\cos 2x}{x^2}$.

解　由二倍角公式 $\cos 2\alpha = \cos^2\alpha - \sin^2\alpha = 1 - 2\sin^2\alpha$,可得

$$1 - \cos 2x = 2\sin^2 x,$$

从而

$$\lim_{x \to 0} \frac{1 - \cos 2x}{x^2} = \lim_{x \to 0} \frac{2\sin^2 x}{x^2}$$
$$= 2\left(\lim_{x \to 0} \frac{\sin x}{x}\right)^2$$
$$= 2 \cdot 1^2 = 2.$$

习　题

1. 证明 $\sin\left(\dfrac{1}{2}\pi + x\right) = \cos x$.

2. 把 $\sin\alpha - \sin x$ 化成乘积的形式.

3. 证明 $\sin 4x = 8\sin x \cos^3 x - 4\sin x \cos x$.

4. 把 $\sin x \sin 2y$ 化成三角函数加减的形式.

5. 通过令 $x = a\sin\theta$，利用三角恒等式化去 $\sqrt{a^2 - x^2}$ 的根式.

6. 模仿题 5，利用三角恒等式化去 $\sqrt{x^2 + a^2}$ 的根式.

7. 利用万能公式，把 $\dfrac{\cos 2\alpha}{1 + \cos 2\alpha}$ 化成用 $\tan\alpha$ 表示的三角函数式.

8. 在 $\triangle ABC$ 中，证明 $\sin\dfrac{A}{2} < \cos\dfrac{B}{2}$.

9. 在 $\triangle ABC$ 中，a, b, c 分别是角 A, B, C 对边，且 $a + 2c = 2b\cos A$，求角 B 的大小.

10. 在 $\triangle ABC$ 中，a, b, c 分别是角 A, B, C 对边，已知 $\cos 2A - \cos(B + C) = 1$，求角 A.

11. 在 $\triangle ABC$ 中，a,b,c 分别是角 A,B,C 对边，$A=\dfrac{\pi}{3}$，$a=\sqrt{3}$，求 $2b+c$ 的最大值.

12. 如图，在 $\triangle ABC$ 中，$AC=2$，$BC=1$，$\cos C=\dfrac{3}{4}$.

(1) 求 AB 的值；

(2) 求 $\sin(2A+C)$ 的值.

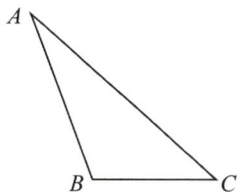

13. 设锐角三角形 ABC 的内角 A,B,C 的对边分别为 $a,b,c,a=2b\sin A$.

(1) 求 B 的大小；

(2) 求 $\cos A+\sin C$ 的取值范围.

14. 已知在 $\triangle ABC$ 中，$\sin A(\sin B+\cos B)-\sin C=0$，$\sin B+\cos 2C=0$，求角 A,B,C 的大小.

15*. 如果已知 $\lim\limits_{x\to 0}\dfrac{\sin x}{x}=1$，求 $\lim\limits_{x\to a}\dfrac{\sin x-\sin \alpha}{x-\alpha}$.（这是大学数学里易错的一个课后作业题）

第四章　反三角函数

反三角函数是指三角函数的反函数，三角函数主要有六个（$y = \sin x$，$y = \cos x$，$y = \tan x$，$y = \cot x$，$y = \sec x$，$y = \csc x$）．我们主要介绍前四个三角函数的反函数，分别为 $y = \arcsin x$，$y = \arccos x$，$y = \arctan x$，$y = \mathrm{arccot}\, x$．这四个反三角函数在大学数学的求极限、求导和求积分等基本运算中都有大量涉及．

一、知识要点

1. 反三角函数 $\begin{cases} \text{反正弦函数}: y = \arcsin x \\ \text{反余弦函数}: y = \arccos x \\ \text{反正切函数}: y = \arctan x \\ \text{反余切函数}: y = \mathrm{arccot}\, x \end{cases}$

2. 反函数三要点：

① 只有一一对应的函数才有反函数；

② 直接函数与反函数的定义域和值域互换；

③ 直接函数与反函数的图像关于直线 $y = x$ 对称．

以正弦函数 $y = \sin x$ 的反函数为例说明．$y = \sin x$ 在定义域内不是一一对应，故没有反函数．为了定义反函数，常规地将定义域限制在最有代表性又最简单的一个单调区间 $\left[-\dfrac{\pi}{2}, \dfrac{\pi}{2}\right]$ 内考虑，得值域为 $[-1, 1]$．所以反正弦函数 $y = \arcsin x$ 的定义域为 $[-1, 1]$，值域为 $\left[-\dfrac{\pi}{2}, \dfrac{\pi}{2}\right]$．图像如图 4-1 所示．

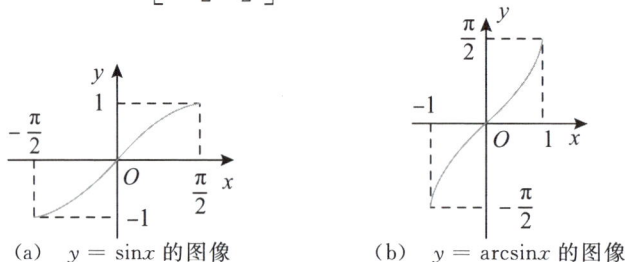

（a）　$y = \sin x$ 的图像　　（b）　$y = \arcsin x$ 的图像

图 4-1

其他三个反三角函数同理可以自己分析,总结如图 4-2 至图 4-4 及表 4-1 所示.

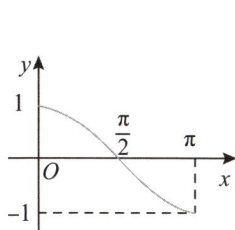

(a)　$y = \cos x$ 的图像 　　　(b)　$y = \arccos x$ 的图像

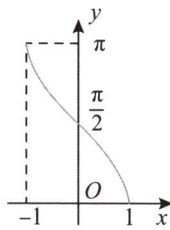

图 4-2

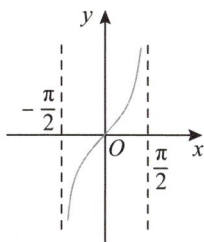

（a）　$y = \tan x$ 的图像 　　　(b)　$y = \arctan x$ 的图像

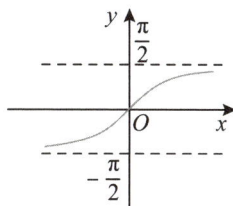

图 4-3

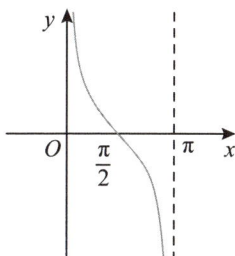

（a）　$y = \cot x$ 的图像 　　　(b)　$y = \text{arccot} x$ 的图像

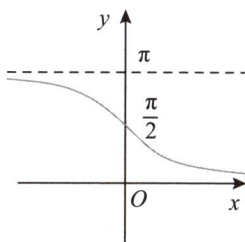

图 4-4

表 4-1

函数	定义域	值域
$y = \arcsin x$	$x \in [-1, 1]$	$y \in \left[-\dfrac{\pi}{2}, \dfrac{\pi}{2} \right]$
$y = \arccos x$	$x \in [-1, 1]$	$y \in [0, \pi]$
$y = \arctan x$	$x \in (-\infty, +\infty)$	$y \in \left(-\dfrac{\pi}{2}, \dfrac{\pi}{2} \right)$
$y = \text{arccot} x$	$x \in (-\infty, +\infty)$	$y \in (0, \pi)$

二、例题精选

例 1 求函数 $y = \sin x, x \in \left[-\pi, -\dfrac{\pi}{2}\right]$ 的反函数.

解 因为 $y = \sin x$ 在 $x \in \left[-\pi, -\dfrac{\pi}{2}\right]$ 内单调,所以存在反函数.

又因为 $x \in \left[-\pi, -\dfrac{\pi}{2}\right]$,所以 $x + \pi \in \left[0, \dfrac{\pi}{2}\right] \subseteq \left[-\dfrac{\pi}{2}, \dfrac{\pi}{2}\right]$,$\sin(x+\pi) = -\sin x = -y$,所以 $x = \arcsin(-y) - \pi = -\arcsin y - \pi$.

所以函数 $y = \sin x, x \in \left[-\pi, -\dfrac{\pi}{2}\right]$ 的反函数为 $y = -\arcsin x - \pi, x \in [-1, 0]$.

例 2 求函数 $y = \arccos x + \text{arccot} x$ 的定义域和值域.

解 因为 $y = \arccos x$ 的定义域为 $[-1, 1]$,$y = \text{arccot} x$ 的定义域为 $(-\infty, +\infty)$,所以 $y = \arccos x + \text{arccot} x$ 的定义域为 $[-1, 1] \bigcap (-\infty, +\infty) = [-1, 1]$.

$x \in [-1, 1]$ 时,$\arccos x \in [0, \pi]$,$\text{arccot} x \in \left[\dfrac{\pi}{4}, \dfrac{3\pi}{4}\right]$,并且 $\arccos x$ 与 $\text{arccot} x$ 在定义域内都是递减函数,所以 $y = \arccos x + \text{arccot} x$ 的值域为 $\left[\dfrac{\pi}{4}, \dfrac{7\pi}{4}\right]$.

例 3 求函数 $y = \arcsin(x - 2)$ 的定义域.

解 因为 $y = \arcsin x$ 的定义域为 $[-1, 1]$,所以 $y = \arcsin(x-2)$ 的定义域为 $\{x \mid -1 \leqslant x - 2 \leqslant 1\}$,即 $\{x \mid 1 \leqslant x \leqslant 3\}$.

例 4 若 x_1, x_2 是方程 $x^2 + 2x + 3 = 0$ 的两个根,求 $\arctan x_1 + \arctan x_2$.

解 令 $y_1 = \arctan x_1 \in \left(-\dfrac{\pi}{2}, \dfrac{\pi}{2}\right)$,$y_2 = \arctan x_2 \in \left(-\dfrac{\pi}{2}, \dfrac{\pi}{2}\right)$,则 $x_1 = \tan y_1 \in \mathbf{R}$,$x_2 = \tan y_2 \in \mathbf{R}$.

因为 $x_1 + x_2 = -2, x_1 x_2 = 3$,所以 x_1, x_2 都小于零,从而 $y_1 \in \left(-\dfrac{\pi}{2}, 0\right)$,$y_2 \in \left(-\dfrac{\pi}{2}, 0\right)$.

$$\tan(y_1 + y_2) = \frac{\tan y_1 + \tan y_2}{1 - \tan y_1 \tan y_2} = \frac{x_1 + x_2}{1 - x_1 x_2} = 1.$$

所以 $\arctan x_1 + \arctan x_2 = y_1 + y_2 = -\dfrac{3\pi}{4}$.

例 5 化简 $\sin\left(\arccos \dfrac{1}{x}\right)$.

解　令 $y = \arccos\dfrac{1}{x} \in \left[0, \dfrac{\pi}{2}\right) \cup \left(\dfrac{\pi}{2}, \pi\right]$，则 $\cos y = \dfrac{1}{x} \in [-1, 0) \cup (0, 1]$，所以

$$\sin\left(\arccos\frac{1}{x}\right) = \sin y = \sqrt{1 - \cos^2 y} = \frac{\sqrt{x^2 - 1}}{|x|}.$$

注　例 4、例 5 中要注意反三角函数的定义域和值域，特别是例 5 这种化简问题，在大学数学的积分计算中经常碰到，一定要学会化简.

下面介绍一种在大学数学不定积分计算中常用且很好用的一种化简方法.

例 6　化简 $\sin(\arccos x)$.

解　令 $y = \arccos x$，则 $\cos y = x, y \in [0, \pi]$.

不妨设 y 为锐角，则引入以 y 为某个锐角的直角三角形（见图 4-5），得 $\sin(\arccos x) = \sin y = \sqrt{1 - x^2}$.

同时也可以得到

$\cos(\arccos x) = \cos y = x;$

$\tan(\arccos x) = \tan y = \dfrac{\sqrt{x^2 - 1}}{x};$

$\cot(\arccos x) = \cot y = \dfrac{x}{\sqrt{x^2 - 1}}.$

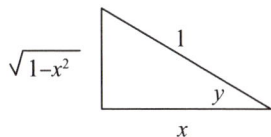

图 4-5

思考　为什么可以"不妨设 y 为锐角"? 如果 y 是钝角，还能这样化简吗?

例 7　计算 $\cos\left(\arctan\dfrac{12}{5} + \arcsin\dfrac{3}{5}\right)$.

解　令 $\arctan\dfrac{12}{5} = \alpha, \arcsin\dfrac{3}{5} = \beta$，则 $\tan\alpha = \dfrac{12}{5}, \sin\beta = \dfrac{3}{5}$，且 $0 < \alpha, \beta < \dfrac{\pi}{2}$，引入两个直角三角形，如图 4-6 所示.

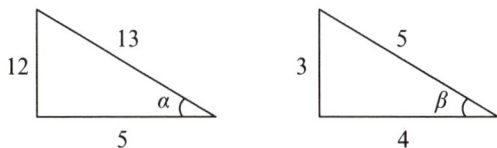

图 4-6

所以 $\cos\left(\arctan\dfrac{12}{5} + \arcsin\dfrac{3}{5}\right) = \cos(\alpha + \beta)$

$$= \cos\alpha\cos\beta - \sin\alpha\sin\beta$$

$$= \frac{5}{13} \cdot \frac{4}{5} - \frac{12}{13} \cdot \frac{3}{5}$$

$$= -\frac{16}{65}.$$

习 题

1.求函数 $y = \cos x, x \in \left[\pi, \dfrac{3\pi}{2}\right]$ 的反函数.

2.求函数 $y = \tan x, x \in \left(-\dfrac{3\pi}{2}, -\pi\right)$ 的反函数.

3.求函数 $y = \sin x + \arcsin x$ 的定义域和值域.

4.求函数 $y = \arccos \sqrt{x-2}$ 的定义域和值域.

5.求 $y = \arccos(x^2 - x + 1)$ 的单调区间.

6.化简 $\tan(\arctan x_1 + \arctan x_2)$.

7.化简 $\sin(\arcsin x_1 - \arcsin x_2)$.

8.计算 $\arctan \dfrac{3}{11} + \arctan \dfrac{4}{7}$.

9.化简 $\cos\left(\arcsin \dfrac{1}{x}\right)$.

10.证明下列恒等式：

(1) $\arcsin x + \arccos x = \dfrac{\pi}{2}, x \in [-1,1]$；

(2) $\arctan x + \operatorname{arccot} x = \dfrac{\pi}{2}, x \in (-\infty, +\infty)$.

11.利用例 6 的方法化简下列表达式：

(1) $\sin(\arctan x)$；

(2) $\cos(\arctan x)$.

12.讨论四个反三角函数 $y = \arcsin x, y = \arccos x, y = \arctan x, y = \text{arccot} x$ 在各自的定义域内是否有界.(大学数学求极限时需要用到)

13*.讨论下列三个极限是否存在,如果存在,则求出极限.

(1) $\lim\limits_{x \to +\infty} \arctan x$；

(2) $\lim\limits_{x \to -\infty} \arctan x$；

(3) $\lim\limits_{x \to \infty} \arctan x$.（这是大学数学里的易错题）

第五章 极坐标与参数方程

一、知识要点

```
                              ┌── 概念
                  ┌─ 极坐标 ──┼── 极坐标和直角坐标的互化
                  │           └── 常见平面曲线的极坐标方程
极坐标与参数方程 ──┤
                  │             ┌── 概念
                  └─ 参数方程 ──┼── 参数方程与一般方程的互化
                                └── 常见曲线的参数方程
```

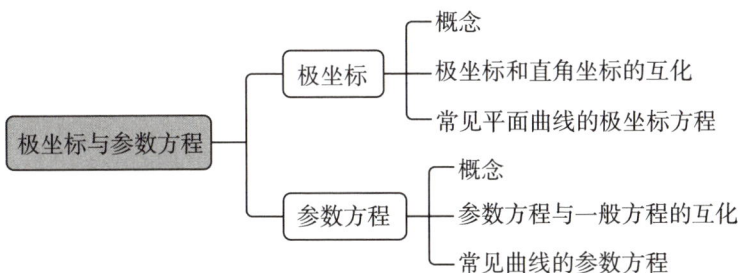

1. 极坐标和直角坐标的互化

把直角坐标系的原点作为极点, x 轴的正半轴作为极轴, 并在两种坐标系中取相同的长度单位. 设 M 是坐标平面内任意一点, 它的直角坐标是 (x,y), 极坐标是 $(\rho,\theta)(\rho \geqslant 0)$, 于是有极坐标与直角坐标的互化公式:

$$\begin{cases} x = \rho\cos\theta, \\ y = \rho\sin\theta, \end{cases}$$

$$\rho = \sqrt{x^2 + y^2},$$

$$\theta = \begin{cases} \arctan\dfrac{y}{x}, x > 0, \\[2mm] \arctan\dfrac{y}{x} + \pi, x < 0, y \geqslant 0, \\[2mm] \arctan\dfrac{y}{x} - \pi, x < 0, y < 0, \\[2mm] \dfrac{\pi}{2}, x = 0, y > 0, \\[2mm] -\dfrac{\pi}{2}, x = 0, y < 0, \\[2mm] 0, x = 0, y = 0. \end{cases}$$

2. 常见平面曲线的极坐标方程

曲线	图形	极坐标方程
圆心在极点,半径为 r 的圆		$\rho = r(0 \leqslant \theta < 2\pi)$
圆心为 $(r,0)$,半径为 r 的圆		$\rho = 2r\cos\theta\left(-\dfrac{\pi}{2} \leqslant \theta < \dfrac{\pi}{2}\right)$
圆心为 $\left(r,\dfrac{\pi}{2}\right)$,半径为 r 的圆		$\rho = 2r\sin\theta\,(0 \leqslant \theta < \pi)$
过极点,倾角为 α 的直线		$\theta = \alpha$ 或 $\theta = \alpha + \pi(\rho \in \mathbf{R})$
过点 $(a,0)$,与极轴垂直的直线		$\rho\cos\theta = a\left(-\dfrac{\pi}{2} < \theta < \dfrac{\pi}{2}\right)$
过点 $\left(a,\dfrac{\pi}{2}\right)$,与极轴平行的直线		$\rho\sin\theta = a\,(0 < \theta < \pi)$

注　中心在原点,半径为 a 的球面的直角坐标方程为 $x^2 + y^2 + z^2 = a^2$,极坐标方程为 $\rho = a(0 \leqslant \theta < 2\pi)$,其中 $\rho = \sqrt{x^2 + y^2 + z^2}$.

3. 常见曲线的参数方程

曲线	参数方程
圆心在原点,半径为 r 的圆	$\begin{cases} x = r\cos\theta, \\ y = r\sin\theta \end{cases}$ (θ 为参数)
圆心为 (x_0,y_0),半径为 r 的圆	$\begin{cases} x = x_0 + r\cos\theta, \\ y = y_0 + r\sin\theta \end{cases}$ (θ 为参数)
中心在原点,焦点在坐标轴上的椭圆	$\begin{cases} x = a\cos\varphi, \\ y = b\sin\varphi \end{cases}$ (φ 为参数)
过点 (x_0,y_0),倾角为 α 的直线	$\begin{cases} x = x_0 + t\cos\alpha, \\ y = y_0 + t\sin\alpha \end{cases}$ (t 为参数)
过点 (x_0,y_0,z_0),平行于非零向量 (m,n,p) 的直线	$\begin{cases} x = x_0 + mt, \\ y = y_0 + nt, \\ z = z_0 + pt \end{cases}$ (t 为参数)

注 1：一般方程化为参数方程时,参数方程的形式不唯一.应用参数方程解轨迹问题,关键在于适当地设参数,如果选取的参数不同,那么所求得的曲线的参数方程形式也不同.

注 2：常见的消参方法有代入消元法、加减消元法、乘除消元法、三角恒等式消元法等.

说明　本章中所涉及的极坐标系,都是以直角坐标系 xOy 的原点为极点、x 轴的正半轴为极轴建立的,且两坐标系中的单位长度相同.

二、例题精选

例 1　将直角坐标方程 $x^2 + y^2 = 2x$ 转化为极坐标方程.

解　将直角坐标与极坐标之间的关系 $x = \rho\cos\theta, y = \rho\sin\theta$ 代入方程,得
$$\rho^2 = 2\rho\cos\theta,$$
化简得所求极坐标方程为 $\rho = 2\cos\theta$.

例 2　在极坐标系中,求过点 $\left(2, \dfrac{\pi}{6}\right)$ 且平行于极轴的直线的极坐标方程.

解　先求所求直线的直角坐标方程.因为直线平行于极轴,所以直线方程可设为 $y = c$,其中 c 为常数.

由直线过点 $\left(2, \dfrac{\pi}{6}\right)$,知 $\rho = 2, \theta = \dfrac{\pi}{6}$,故 $c = \rho\sin\theta = 2\sin\dfrac{\pi}{6} = 1$,从而所求直线的直角坐标方程为
$$y = 1,$$
极坐标方程为
$$\rho\sin\theta = 1, \text{或者} \rho = \frac{1}{\sin\theta}(0 < \theta < \pi).$$

例 3　已知曲线 C 的极坐标方程为 $\rho^2\cos2\theta = 1$.求曲线 C 的普通方程.

解　将曲线的方程变形为
$$\rho^2(\cos^2\theta - \sin^2\theta) = 1,$$
再利用直角坐标系与极坐标系之间的关系,即得曲线 C 的普通方程为
$$x^2 - y^2 = 1.$$

例 4　已知圆 C 的极坐标方程 $\rho = \cos\theta + \sin\theta$ 和直线 L 的直角坐标方程 $x - y + 2 = 0$,求圆 C 的直角坐标方程和直线 L 的极坐标方程,以及圆 C 上的点到直线 L 的最短距离.

解　在方程 $\rho = \cos\theta + \sin\theta$ 两边同时乘以 ρ,得

$$\rho^2 = \rho\cos\theta + \rho\sin\theta,$$

从而圆 C 的直角坐标方程为

$$x^2 + y^2 = x + y.$$

在方程 $x - y + 2 = 0$ 中代入 $x = \rho\cos\theta, y = \rho\sin\theta$，得 $\rho\cos\theta - \rho\sin\theta + 2 = 0$，整理得直线 L 的极坐标方程为

$$\rho = \frac{2}{\sin\theta - \cos\theta}.$$

直角坐标系下，圆 C 的中心在点 $M\left(\frac{1}{2}, \frac{1}{2}\right)$，半径为 $\frac{\sqrt{2}}{2}$．圆 C 与 y 轴的交点为 $O(0,0), N(0,1)$．

可判断过点 M 和 N 的直线刚好与直线 L 垂直，从而圆 C 上到直线 L 的最短距离的点即为点 $N(0,1)$，最短距离为

$$d = \frac{|\, 0 - 1 + 2 \,|}{\sqrt{2}} = \frac{\sqrt{2}}{2}.$$

例 5　将下列参数方程化为一般方程：

$$\begin{cases} x = 2t^2 \\ y = 6t \end{cases}, t \in \mathbf{R}.$$

解　由 $y = 6t$ 得 $t = \frac{y}{6}$，代入第一个方程即得一般方程为

$$x = \frac{y^2}{18}, \text{或} y^2 = 18x.$$

例 6　将下列曲线的一般方程化为参数方程：

$$\begin{cases} x^2 + y^2 = 1, \\ 2x + 3z = 6. \end{cases}$$

解　根据第一方程引入参数，得所求参数方程为

$$\begin{cases} x = \cos t, \\ y = \sin t, \\ z = \frac{1}{3}(6 - 2\cos t) \end{cases} \quad (0 \leqslant t \leqslant 2\pi).$$

例 7　在平面直角坐标系中，求过椭圆 $\begin{cases} x = 5\cos\theta, \\ y = 3\sin\theta \end{cases}$ 的左焦点，且与直线 $\begin{cases} x = 4 - 2t, \\ y = 3 - t \end{cases}$ 平行的直线的普通方程．

解　椭圆的长、短半轴长分别为 5、3，所以左焦点的坐标为 $(-4,0)$．

将直线的参数方程改写为直角坐标方程,得 $y = \frac{1}{2}x + 1$,其斜率为 $\frac{1}{2}$,从而所求直线的普通方程为 $y - 0 = \frac{1}{2}(x + 4)$,即

$$y = \frac{1}{2}x + 2.$$

例 8　已知点 A 的极坐标为 $\left(\sqrt{2}, \frac{\pi}{4}\right)$,曲线 C 的参数方程为 $\begin{cases} x = \sqrt{2}\cos t, \\ y = \sqrt{2}\sin t \end{cases}$($t$ 为参数),曲线 C 在点 A 处的切线为 l. 求切线 l 的极坐标方程.

解　点 A 的直角坐标为 $(1,1)$,曲线 C 在直角坐标系下的普通方程为 $x^2 + y^2 = 2$. 点 $A(1,1)$ 在圆 $x^2 + y^2 = 2$ 上,从而曲线 C 在点 A 处切线的斜率为 -1,故切线 l 的直角坐标方程为 $y - 1 = -(x - 1)$,即

$$x + y = 2,$$

转化成极坐标方程为

$$\rho = \frac{2}{\sin\theta + \cos\theta}.$$

例 9　将半圆周 $y = \sqrt{2ax - x^2}$ 及 x 轴所围成的平面闭区域用极坐标表示出来.

解　将半圆周的方程变形为

$$x^2 - 2ax + y^2 = 0, y \geqslant 0.$$

再利用直角坐标系与极坐标系之间的关系,将上面直角坐标方程转化为极坐标方程

$$\rho^2 - 2a\rho\cos\theta = 0, 0 \leqslant \theta \leqslant \frac{\pi}{2}.$$

化简,得所围区域(见图 5-1)的极坐标表示为

$$0 \leqslant \rho \leqslant 2a\cos\theta, 0 \leqslant \theta \leqslant \frac{\pi}{2}.$$

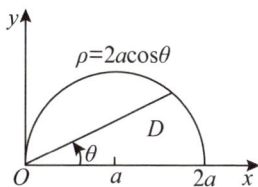

图 5-1

例 10　画出平面区域 $D : \left\{ (x,y) \,\middle|\, 0 \leqslant y \leqslant 1 - x, 0 \leqslant x \leqslant 1 \right\}$,并将区域 D 用极坐标表示出来.

解　区域 D 如图 5-2 所示. 在极坐标系中,直线 $x + y = 1$ 的方程为

$$\rho = \frac{1}{\sin\theta + \cos\theta},$$

故

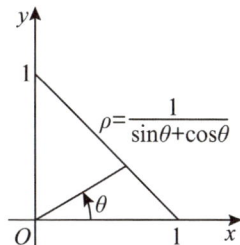

图 5-2

29

$$D = \left\{ (\rho, \theta) \mid 0 \leqslant \rho \leqslant \frac{1}{\sin\theta + \cos\theta}, 0 \leqslant \theta \leqslant \frac{\pi}{2} \right\}.$$

注 高等数学中,在计算二重积分的时候,经常需要将平面区域的直角坐标表示和极坐标表示互相转化,学生一定要掌握好诸如例 9、例 10 类型的题目.

习 题

1. 求曲线 $\begin{cases} x = 2\sqrt{3}\cos\theta, \\ y = 3\sqrt{2}\sin\theta \end{cases}$ (θ 为参数) 中两焦点间的距离.

2. 已知直线 $\begin{cases} x = -t, \\ y = \sqrt{3}\,t \end{cases}$ (t 为参数, $t \in \mathbf{R}$) 与曲线 $C_1 : \rho = 4\sin\theta$ 异于点 O 的交点为 A,与曲线 $C_2 : \rho = 2\sin\theta$ 异于点 O 的交点为 B,求 $|AB|$.

3. 画出摆线 $\begin{cases} x = a(\theta - \sin\theta), \\ y = a(1 - \cos\theta) \end{cases}$ 的一拱($0 \leqslant \theta \leqslant 2\pi$) 的图形.

4. 画出双扭线 $\rho^2 = a^2\cos 2\theta$ 的图形.

5. 将下列曲线的一般方程化为参数方程：

$$\begin{cases} z = \sqrt{a^2 - x^2 - y^2}, \\ x^2 + y^2 = ax. \end{cases}$$

6. 已知曲线 C_1 的参数方程为 $\begin{cases} x = 1 + \dfrac{\sqrt{2}}{2}t, \\ y = \dfrac{\sqrt{2}}{2}t \end{cases}$（$t$ 为参数），曲线 C_2 的极坐标方程为 $\dfrac{1}{\rho^2} = \dfrac{\cos^2\theta}{2} + \sin^2\theta.$ 写出曲线 C_1 的普通方程以及曲线 C_2 的直角坐标方程.

7. 已知直线 l 的参数方程为 $\begin{cases} x = t - 3, \\ y = \sqrt{3}\,t \end{cases}$（$t$ 为参数），曲线 C 的极坐标方程为 $\rho^2 - 4\rho\cos\theta + 3 = 0.$

（1）求直线 l 的普通方程和曲线 C 的直角坐标方程；

（2）设点 P 是曲线 C 上的一个动点，求它到直线 l 的距离的取值范围.

8. 已知曲线 C_1 的参数方程为 $\begin{cases} x = a\cos t, \\ y = 1 + a\sin t \end{cases}$（$t$ 为参数，$a > 0$），曲线 C_2 的极坐标方程为 $\rho = 4\cos\theta.$

（1）说明 C_1 是哪一种曲线,并将 C_1 的方程化为极坐标方程;

（2）直线 C_3 的极坐标方程为 $\theta = \alpha_0$,其中 α_0 满足 $\tan\alpha_0 = 2$. 若曲线 C_1 与 C_2 的公共点都在 C_3 上,求 a.

9. 已知曲线 C 的极坐标方程为 $\rho\sin^2\theta = 4\cos\theta$,直线 $l_1: \theta = \dfrac{\pi}{3}$ 和 $l_2: \rho\sin\theta = 4\sqrt{3}$ 分别与曲线 C 交于 A,B 两点（A 不为极点）.

（1）求 A,B 两点的极坐标方程;

（2）若 O 为极点,求 $\triangle AOB$ 的面积.

10. 将直线方程 $\dfrac{x+1}{1} = \dfrac{y-3}{1} = \dfrac{z}{2}$ 化为参数方程.

注　此方程表示过点 $(-1,3,0)$ 且平行于向量 $(1,1,2)$ 的空间直线,称为空间直线的点向式方程或对称式方程.

11. 已知直线 $C: \begin{cases} x = 1 + t\cos\alpha, \\ y = t\sin\alpha \end{cases}$（$t$ 为参数）. 过原点 O 作 C 的垂线,垂足为 A, P 为 OA 的中点. 当 α 变化时,求点 P 轨迹的参数方程,并指出它是什么曲线.

12.已知直线 l 的参数方程为 $\begin{cases} x = \dfrac{1}{2}t - 1, \\ y = \dfrac{\sqrt{3}}{2}t \end{cases}$（$t$ 为参数），曲线 C 的极坐标方程

为 $\rho^2 = \dfrac{12}{3 + \sin^2\theta}$，直线 l 与曲线 C 交于 A，B 两点.

（1）求曲线 C 的直角坐标方程；

（2）求线段 AB 的长.

13.在直角坐标系 xOy 中，圆 C 的方程为 $(x + 6)^2 + y^2 = 25$.

（1）求 C 的极坐标方程；

（2）直线 l 的参数方程是 $\begin{cases} x = t\cos\alpha, \\ y = t\sin\alpha \end{cases}$（$t$ 为参数），l 与 C 交于 A，B 两点，

$|AB| = \sqrt{10}$，求 l 的斜率.

14.已知曲线 C 的参数方程为 $\begin{cases} x = 2 + 2\cos\theta, \\ y = 2\sin\theta \end{cases}$（$\theta$ 为参数），直线 l 的方程为

$\rho\sin\left(\theta + \dfrac{\pi}{4}\right) = 2\sqrt{2}$.

（1）求曲线 C 在极坐标系中的方程；

（2）求直线 l 被曲线 C 截得的弦长.

15. 将由直线 $x=2, y=x$ 和 $y=\sqrt{3}\,x(x\geqslant 0)$ 围成的平面区域 D 用极坐标表示出来.

16. 将平面区域 $D: \left\{(x,y) \mid 1-x \leqslant y \leqslant \sqrt{1-x^2}, 0 \leqslant x \leqslant 1\right\}$ 表示成极坐标形式.

第六章 线性方程组求解

一、知识要点

1. 求解线性方程组的方法 $\begin{cases} \text{利用行列式} \\ \text{利用增广矩阵} \end{cases}$；

2. 2 阶、3 阶行列式的计算 —— 对角线法则；

3. 利用增广矩阵求解线性方程组，跟高斯消元法本质上一致.

二、例题精选

例 1　求二阶行列式 $D = \begin{vmatrix} 1 & 2 \\ -2 & 2 \end{vmatrix}$.

解　按对角线法则，得
$$D = 1 \times 2 - 2 \times (-2) = 6.$$

例 2　求三阶行列式 $D = \begin{vmatrix} 1 & -1 & 2 \\ 3 & 2 & 1 \\ 0 & 1 & 4 \end{vmatrix}$.

解　按对角线法则，得
$$D = 1 \times 2 \times 4 + (-1) \times 1 \times 0 + 2 \times 3 \times 1 - 1 \times 1 \times 1 - (-1) \times 3 \times 4 - 2 \times 2 \times 0$$
$$= 25.$$

例 3　求多项式 $f(x) = \begin{vmatrix} x & 1 & 0 \\ 1 & x & -4 \\ 3 & x-2 & 0 \end{vmatrix}$ 的根.

解　按对角线法则，得
$$f(x) = 4x^2 - 8x - 12,$$
故 $f(x)$ 的根为 $-1, 3$.

例 4　用行列式求解下列线性方程组：

$$(1)\begin{cases} 5\,x_1 + 4\,x_2 = 1, \\ 3\,x_1 + 2\,x_2 = 2. \end{cases} \qquad (2)\begin{cases} x_1 + 2\,x_2 + 2\,x_3 = 1, \\ -x_1 + 2\,x_2 + x_3 = 1, \\ 3x_1 + 3\,x_2 + 2\,x_3 = 1. \end{cases}$$

解 (1) 由于线性方程组的系数行列式

$$D = \begin{vmatrix} 5 & 4 \\ 3 & 2 \end{vmatrix} = -2 \neq 0,$$

故线性方程组有唯一解. 同理

$$D_1 = \begin{vmatrix} 1 & 4 \\ 2 & 2 \end{vmatrix} = -6, \quad D_2 = \begin{vmatrix} 5 & 1 \\ 3 & 2 \end{vmatrix} = 7,$$

故方程组的解为

$$\begin{cases} x_1 = \dfrac{D_1}{D} = 3 \\ x_2 = \dfrac{D_2}{D} = -\dfrac{7}{2} \end{cases}.$$

(2) 由于线性方程组的系数行列式

$$D = \begin{vmatrix} 1 & 2 & 2 \\ -1 & 2 & 1 \\ 3 & 3 & 2 \end{vmatrix} = 1 \times 2 \times 2 + 2 \times 1 \times 3 + 2 \times (-1) \times 3$$

$$-1 \times 1 \times 3 - 2 \times (-1) \times 2 - 2 \times 2 \times 3$$

$$= -7 \neq 0,$$

故线性方程组有唯一解. 同理

$$D_1 = \begin{vmatrix} 1 & 2 & 2 \\ 1 & 2 & 1 \\ 1 & 3 & 2 \end{vmatrix} = 1,$$

$$D_2 = \begin{vmatrix} 1 & 1 & 2 \\ -1 & 1 & 1 \\ 3 & 1 & 2 \end{vmatrix} = -2,$$

$$D_3 = \begin{vmatrix} 1 & 2 & 1 \\ -1 & 2 & 1 \\ 3 & 3 & 1 \end{vmatrix} = -2,$$

故方程组的解为

$$\begin{cases} x_1 = \dfrac{D_1}{D} = -\dfrac{1}{7}, \\[2mm] x_2 = \dfrac{D_2}{D} = \dfrac{2}{7}, \\[2mm] x_3 = \dfrac{D_3}{D} = \dfrac{2}{7}. \end{cases}$$

注　只有方程个数等于未知量个数,且系数行列式不等于零的线性方程组,才可以应用行列式的方法求解.

例 5　用增广矩阵求解线性方程组:

$$\begin{cases} 2x_1 - x_2 + 3x_3 = 1, \\ 4x_1 + 2x_2 + 5x_3 = 4, \\ 2x_1 + x_2 + 2x_3 = 5. \end{cases}$$

解　线性方程组所对应的增广矩阵为

$$\left[\begin{array}{ccc|c} 2 & -1 & 3 & 1 \\ 4 & 2 & 5 & 4 \\ 2 & 1 & 2 & 5 \end{array}\right].$$

对增广矩阵做初等行变换:

$$\left[\begin{array}{ccc|c} 2 & -1 & 3 & 1 \\ 4 & 2 & 5 & 4 \\ 2 & 1 & 2 & 5 \end{array}\right] \rightarrow \left[\begin{array}{ccc|c} 2 & -1 & 3 & 1 \\ 0 & 4 & -1 & 2 \\ 0 & 2 & -1 & 4 \end{array}\right] \rightarrow \left[\begin{array}{ccc|c} 2 & -1 & 3 & 1 \\ 0 & 0 & 1 & 6 \\ 0 & 2 & -1 & 4 \end{array}\right]$$

$$\rightarrow \left[\begin{array}{ccc|c} 2 & -1 & 3 & 1 \\ 0 & 2 & 1 & 4 \\ 0 & 0 & 1 & -6 \end{array}\right] \rightarrow \left[\begin{array}{ccc|c} 2 & -1 & 0 & 19 \\ 0 & 2 & 0 & 2 \\ 0 & 0 & 1 & -6 \end{array}\right] \rightarrow \left[\begin{array}{ccc|c} 2 & 0 & 0 & 18 \\ 0 & 1 & 0 & 1 \\ 0 & 0 & 1 & -6 \end{array}\right]$$

$$\rightarrow \left[\begin{array}{ccc|c} 1 & 0 & 0 & 9 \\ 0 & 1 & 0 & -1 \\ 0 & 0 & 1 & -6 \end{array}\right],$$

故方程组的解为

$$\begin{cases} x_1 = 9, \\ x_2 = -1, \\ x_3 = -6. \end{cases}$$

例 6　用增广矩阵求解线性方程组:

$$\begin{cases} 2x_1 - x_2 + 3x_3 = 1, \\ 4x_1 - 2x_2 + 5x_3 = 4, \\ 2x_1 - x_2 + 4x_3 = 0. \end{cases}$$

解　线性方程组所对应的增广矩阵为

$$\left[\begin{array}{ccc:c} 2 & -1 & 3 & 1 \\ 4 & -2 & 5 & 4 \\ 2 & -1 & 4 & 0 \end{array}\right]$$

对增广矩阵做初等行变换：

$$\left[\begin{array}{ccc:c} 2 & -1 & 3 & 1 \\ 4 & -2 & 5 & 4 \\ 2 & -1 & 4 & 0 \end{array}\right] \rightarrow \left[\begin{array}{ccc:c} 2 & -1 & 3 & 1 \\ 0 & 0 & -1 & 2 \\ 0 & 0 & 1 & -1 \end{array}\right] \rightarrow \left[\begin{array}{ccc:c} 2 & -1 & 3 & 1 \\ 0 & 0 & -1 & 2 \\ 0 & 0 & 0 & 1 \end{array}\right],$$

最后一行对应的方程为：$0 = 1$,故方程组无解.

例 7　用增广矩阵求解线性方程组：

$$\begin{cases} 2x_1 - x_2 + 3x_3 = 1, \\ 4x_1 - 2x_2 + 5x_3 = 4, \\ 2x_1 - x_2 + 4x_3 = -1. \end{cases}$$

解　线性方程组所对应的增广矩阵为

$$\left[\begin{array}{ccc:c} 2 & -1 & 3 & 1 \\ 4 & -2 & 5 & 4 \\ 2 & -1 & 4 & -1 \end{array}\right].$$

对增广矩阵做初等行变换：

$$\left[\begin{array}{ccc:c} 2 & -1 & 3 & 1 \\ 4 & -2 & 5 & 4 \\ 2 & -1 & 4 & -1 \end{array}\right] \rightarrow \left[\begin{array}{ccc:c} 2 & -1 & 3 & 1 \\ 0 & 0 & -1 & 2 \\ 0 & 0 & 1 & -2 \end{array}\right] \rightarrow \left[\begin{array}{ccc:c} 2 & -1 & 3 & 1 \\ 0 & 0 & -1 & 2 \\ 0 & 0 & 0 & 0 \end{array}\right]$$

$$\rightarrow \left[\begin{array}{ccc:c} 2 & -1 & 0 & 7 \\ 0 & 0 & -1 & 2 \\ 0 & 0 & 0 & 0 \end{array}\right] \rightarrow \left[\begin{array}{ccc:c} 2 & -1 & 0 & 7 \\ 0 & 0 & 1 & -2 \\ 0 & 0 & 0 & 0 \end{array}\right] \rightarrow \left[\begin{array}{ccc:c} 1 & -\frac{1}{2} & 0 & \frac{7}{2} \\ 0 & 0 & 1 & -2 \\ 0 & 0 & 0 & 0 \end{array}\right],$$

对应的方程组为

$$\begin{cases} x_1 - \dfrac{1}{2}x_2 = \dfrac{7}{2}, \\ x_3 = -2. \end{cases}$$

即

$$\begin{cases} x_1 = \dfrac{1}{2}x_2 + \dfrac{7}{2}, \\ x_3 = -2, \end{cases} \text{其中 } x_2 \text{ 为自由未知量.}$$

故方程组有无穷多解,解为

$$\begin{cases} x_1 = \dfrac{1}{2}t + \dfrac{7}{2}, \\ x_2 = t, \\ x_3 = -2, \end{cases} \quad \text{其中 } t \text{ 为任意常数.}$$

习 题

1. 计算下列二阶行列式：

$(1) \begin{vmatrix} 2 & 3 \\ 4 & 5 \end{vmatrix};$ $(2) \begin{vmatrix} x & x \\ -2y & 2y \end{vmatrix};$ $(3) \begin{vmatrix} 1+2\mathrm{i} & \mathrm{i} \\ -2\mathrm{i} & 1-2\mathrm{i} \end{vmatrix}.$

2. 计算下列三阶行列式：

$(1) \begin{vmatrix} 1 & 1 & 1 \\ 1 & 2 & 3 \\ 1 & 4 & 9 \end{vmatrix};$ $(2) \begin{vmatrix} 1 & 1 & 1 \\ 1 & 2 & 4 \\ 1 & 3 & 9 \end{vmatrix};$ $(3) \begin{vmatrix} a & b & c \\ b & c & a \\ c & a & b \end{vmatrix};$

$(4) \begin{vmatrix} \omega & 0 & 0 \\ 0 & \omega^2 & 0 \\ 0 & 0 & \omega^2 \end{vmatrix},$ 其中 $\omega = \dfrac{-1+\sqrt{3}\,\mathrm{i}}{2}.$

3.求多项式 $f(x)=\begin{vmatrix} x+1 & 2 & -1 \\ 2 & x+1 & 1 \\ -1 & 1 & x+1 \end{vmatrix}$ 的根.

4.今有雉兔同笼,上有三十五头,下有九十四足,问雉兔各几何?

注　鸡兔同笼,是中国古代著名典型趣题之一,大约在1500年前,《孙子算经》中就记载了这个有趣的问题.

5.证明下列等式:

(1) $\begin{vmatrix} a & b \\ c & d \end{vmatrix}=\begin{vmatrix} a & c \\ b & d \end{vmatrix}$;

(2) $\begin{vmatrix} a & b \\ c & d \end{vmatrix}=-\begin{vmatrix} c & d \\ a & b \end{vmatrix}$;

(3) $\begin{vmatrix} a & b \\ kc & kd \end{vmatrix}=k\begin{vmatrix} a & b \\ c & d \end{vmatrix}$;

(4) $\begin{vmatrix} a+kc & b+kd \\ c & d \end{vmatrix}=\begin{vmatrix} a & b \\ c & d \end{vmatrix}$;

(5) $\begin{vmatrix} a+e & b+f \\ c & d \end{vmatrix}=\begin{vmatrix} a & b \\ c & d \end{vmatrix}+\begin{vmatrix} e & f \\ c & d \end{vmatrix}$.

6. 用行列式求解下列线性方程组：

$(1)\begin{cases} x_1 + 2x_2 + 3\,x_3 = 0, \\ 2x_1 + 2\,x_2 + 5\,x_3 = 1, \\ 5\,x_1 + 5\,x_2 + x_3 = 2. \end{cases}$　　　$(2)\begin{cases} x_1 + x_2 + x_3 = 1, \\ x_1 + 2\,x_2 + 4\,x_3 = 2, \\ x_1 + 3\,x_2 + 9\,x_3 = 1. \end{cases}$

7. 用增广矩阵求解下列线性方程组：

$(1)\begin{cases} 2x_1 + x_2 + x_3 = 1, \\ x_1 + 2\,x_2 + x_3 = 2, \\ x_1 + x_2 + 2\,x_3 = 4. \end{cases}$　　　$(2)\begin{cases} -2x_1 + x_2 + x_3 = 1, \\ x_1 - 2\,x_2 + x_3 = -2, \\ x_1 + x_2 - 2\,x_3 = 4. \end{cases}$

$(3)\begin{cases} x_1 + 2\,x_2 + 3\,x_3 - x_4 = 1, \\ 3\,x_1 + 2\,x_2 + x_3 - x_4 = 1, \\ 2\,x_1 + 3\,x_2 + x_3 + x_4 = 1, \\ 2\,x_1 + 2\,x_2 + 2\,x_3 - x_4 = 1, \\ 5\,x_1 + 5\,x_2 + 2\,x_3 = 2. \end{cases}$

第七章   复数与向量

复数产生是解方程时对负实数求方根的需要.本章中,我们简要介绍复数与向量的定义、相关运算以及性质.复数主要在高等数学里求解常系数线性微分方程以及复变函数中会涉及.

一、知识要点

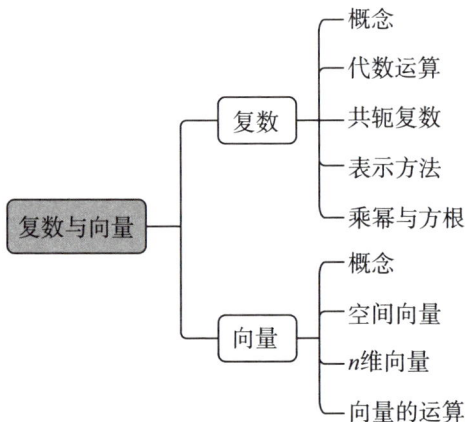

二、例题精选

例 1 在复数范围内解下列方程.

(1) $x^2 + 2 = 0$;

(2) $ax^2 + bx + c = 0$,其中 $a,b,c \in \mathbf{R}$,且 $a \neq 0, \Delta = b^2 - 4ac < 0$.

解 (1) 因为 $(\sqrt{2}\,\mathrm{i})^2 = (-\sqrt{2}\,\mathrm{i})^2 = -2$,所以方程 $x^2 + 2 = 0$ 的根为 $x = \pm\sqrt{2}\,\mathrm{i}$.

(2) 将方程 $ax^2 + bx + c = 0$ 的二次项系数化为 1,得

$$x^2 + \frac{b}{a}x + \frac{c}{a} = 0$$

配方,得

$$\left(x+\frac{b}{2a}\right)^2=\frac{b^2-4ac}{4a^2}$$

即

$$\left(x+\frac{b}{2a}\right)^2=-\frac{(b^2-4ac)}{(2a)^2}$$

由 $\Delta<0$，知 $\dfrac{-(b^2-4ac)}{(2a)^2}=\dfrac{-\Delta}{(2a)^2}>0$. 类似(1)，可得

$$x+\frac{b}{2a}=\pm\frac{\sqrt{-(b^2-4ac)}}{2a}\mathrm{i}$$

所以原方程的根为

$$x=-\frac{b}{2a}\pm\frac{\sqrt{-(b^2-4ac)}}{2a}\mathrm{i}.$$

在复数范围内，实系数一元二次方程 $ax^2+bx+c=0(a\neq0)$ 的求根公式为：

(1) 当 $\Delta\geqslant0$ 时，$x=\dfrac{-b\pm\sqrt{b^2-4ac}}{2a}$；

(2) 当 $\Delta<0$ 时，$x=\dfrac{-b\pm\mathrm{i}\sqrt{-(b^2-4ac)}}{2a}$.

注 在高等数学中求解常系数线性微分方程的解会用到复数域内求解方程的根.

例 2 设 $z=-\dfrac{1}{\mathrm{i}}-\dfrac{3\mathrm{i}}{1-\mathrm{i}}$，求 $\mathrm{Re}(z)$，$\mathrm{Im}(z)$ 与 $z\bar{z}$.

解 $z=-\dfrac{1}{\mathrm{i}}-\dfrac{3\mathrm{i}}{1-\mathrm{i}}=\dfrac{\mathrm{i}}{\mathrm{i}(-\mathrm{i})}-\dfrac{3\mathrm{i}(1+\mathrm{i})}{(1-\mathrm{i})(1+\mathrm{i})}$

$$=\mathrm{i}-\left(-\frac{3}{2}+\frac{3}{2}\mathrm{i}\right)=\frac{3}{2}-\frac{1}{2}\mathrm{i},$$

所以 $\mathrm{Re}(z)=\dfrac{3}{2}$，$\mathrm{Im}(z)=-\dfrac{1}{2}$，

$$z\bar{z}=\left(\frac{3}{2}\right)^2+\left(-\frac{1}{2}\right)^2=\frac{5}{2}.$$

例 3 设 $z_1=5-5\mathrm{i}$，$z_2=-3+4\mathrm{i}$，求 $\dfrac{z_1}{z_2}$ 与 $\left(\overline{\dfrac{z_1}{z_2}}\right)$.

解 $\dfrac{z_1}{z_2}=\dfrac{5-5\mathrm{i}}{-3+4\mathrm{i}}=\dfrac{(5-5\mathrm{i})(-3-4\mathrm{i})}{(-3+4\mathrm{i})(-3-4\mathrm{i})}$

$$=\frac{(-15-20)+(15-20)\mathrm{i}}{25}=-\frac{7}{5}-\frac{1}{5}\mathrm{i}$$

所以 $\left(\overline{\dfrac{z_1}{z_2}}\right) = -\dfrac{7}{5} + \dfrac{1}{5}\mathrm{i}$.

例 4 设 $z_1 = x_1 + \mathrm{i}\,y_1, z_2 = x_2 + \mathrm{i}\,y_2$ 为两个任意复数,证明 $z_1\,\bar{z}_2 + \bar{z}_1\,z_2 = 2\mathrm{Re}(z_1\,\bar{z}_2)$.

证明
$$
\begin{aligned}
z_1\,\bar{z}_2 + \bar{z}_1\,z_2 &= (x_1 + \mathrm{i}\,y_1)(x_2 - \mathrm{i}\,y_2) + (x_1 - \mathrm{i}\,y_1)(x_2 + \mathrm{i}\,y_2) \\
&= (x_1 x_2 + y_1 y_2) + \mathrm{i}(x_2 y_1 - x_1 y_2) \\
&\quad + (x_1 x_2 + y_1 y_2) + \mathrm{i}(x_1 y_2 - x_2 y_1) \\
&= 2(x_1 x_2 + y_1 y_2) = 2\mathrm{Re}(z_1\,\bar{z}_2)
\end{aligned}
$$

或
$$
z_1\,\bar{z}_2 + \bar{z}_1\,z_2 = z_1\,\bar{z}_2 + \overline{z_1\bar{z}_2} = 2\mathrm{Re}(z_1\,\bar{z}_2).
$$

例 5 将复数 $z = -\sqrt{12} - 2\mathrm{i}$ 化为三角表示式.

解 显然,$r = |z| = \sqrt{12 + 4} = 4$. 由于 z 在第三象限,则
$$
\theta = \arctan\left(\frac{-2}{-\sqrt{12}}\right) - \pi = \arctan\frac{\sqrt{3}}{3} - \pi = -\frac{5}{6}\pi.
$$

因此,z 的三角表示式为
$$
z = 4\left[\cos\left(-\frac{5}{6}\pi\right) + \mathrm{i}\,\sin\left(-\frac{5}{6}\pi\right)\right].
$$

例 6 将复数 $z = \sin\dfrac{\pi}{5} + \mathrm{i}\cos\dfrac{\pi}{5}$ 化为指数表示式.

解 显然,$r = |z| = 1$,又
$$
\sin\frac{\pi}{5} = \cos\left(\frac{\pi}{2} - \frac{\pi}{5}\right) = \cos\frac{3}{10}\pi,
$$
$$
\cos\frac{\pi}{5} = \sin\left(\frac{\pi}{2} - \frac{\pi}{5}\right) = \sin\frac{3}{10}\pi,
$$

故 z 的三角表示式为
$$
z = \cos\frac{3}{10}\pi + \mathrm{i}\sin\frac{3}{10}\pi.
$$

z 的指数表示式为
$$
z = \mathrm{e}^{\frac{3}{10}\pi\mathrm{i}}.
$$

例 7 求 $(1+\mathrm{i})^4$.

解 因为 $1 + \mathrm{i} = \sqrt{2}\left(\cos\dfrac{\pi}{4} + \mathrm{i}\sin\dfrac{\pi}{4}\right)$,

所以 $(1+\mathrm{i})^4 = 4(\cos\pi + \mathrm{i}\sin\pi) = -4$.

例 8　求 $\sqrt[4]{1+\mathrm{i}}$.

解　因为 $1+\mathrm{i}=\sqrt{2}\left(\cos\dfrac{\pi}{4}+\mathrm{i}\sin\dfrac{\pi}{4}\right)$，

所以 $\sqrt[4]{1+\mathrm{i}}=\sqrt[8]{2}\left[\cos\dfrac{\dfrac{\pi}{4}+2k\pi}{4}+\mathrm{i}\sin\dfrac{\dfrac{\pi}{4}+2k\pi}{4}\right],k=0,1,2,3.$

即

$$w_0=\sqrt[8]{2}\left(\cos\frac{\pi}{16}+\mathrm{i}\sin\frac{\pi}{16}\right),$$

$$w_1=\sqrt[8]{2}\left(\cos\frac{9\pi}{16}+\mathrm{i}\sin\frac{9\pi}{16}\right),$$

$$w_2=\sqrt[8]{2}\left(\cos\frac{17\pi}{16}+\mathrm{i}\sin\frac{17\pi}{16}\right),$$

$$w_3=\sqrt[8]{2}\left(\cos\frac{25\pi}{16}+\mathrm{i}\sin\frac{25\pi}{16}\right).$$

例 9　求方程 $|z+\mathrm{i}|=2$ 所表示的曲线.

解　在几何上不难看出，方程 $|z+\mathrm{i}|=2$ 表示所有与点 $-\mathrm{i}$ 距离为 2 的点的轨迹，即中心为 $-\mathrm{i}$、半径为 2 的圆. 下面用代数方法求出该圆的直角坐标方程.

设 $z=x+\mathrm{i}y$，方程变为

$$|x+\mathrm{i}(y+1)|=2.$$

也就是 $\sqrt{x^2+(y+1)^2}=2$，

或 $x^2+(y+1)^2=4$.

例 10　已知 $M_1(4,3,1),M_2(7,1,2),M_3(5,2,3)$，证明 $\triangle M_1M_2M_3$ 是等腰三角形.

证明　$|M_1M_2|=\sqrt{(7-4)^2+(1-3)^2+(2-1)^2}=\sqrt{14}$，

$|M_1M_3|=\sqrt{(5-4)^2+(2-3)^2+(3-1)^2}=\sqrt{6}$，

$|M_2M_3|=\sqrt{(5-7)^2+(2-1)^2+(3-2)^2}=\sqrt{6}$，

则 $|M_1M_3|=|M_2M_3|$，所以 $\triangle M_1M_2M_3$ 是等腰三角形.

习 题

1.在复数范围内解下列方程:

(1) $9x^2 + 16 = 0$;

(2) $x^2 + x + 1 = 0$.

2.求复数 $z = \dfrac{1}{i} - \dfrac{3i}{1-i}$ 的实部与虚部,以及共轭复数、模与辐角.

3.将复数 $z = \dfrac{2i}{-1+i}$ 化为三角表示式和指数表示式.

4.求下列各式的值:

(1) $(\sqrt{3} - i)^5$;   (2) $(1+i)^6$.

5.求下列各式的值:

(1) $\sqrt[6]{-1}$;   (2) $(1-i)^{1/3}$.

6. 求方程 $z^3 + 8 = 0$ 的所有根.

7. 一个复数乘以 $-i$,它的模与辐角有何变化?

8. 当 x,y 等于什么实数时,等式 $\dfrac{x+1+i(y-3)}{5+3i} = 1+i$ 成立?

9. 判定下列命题的真假:

(1) 若 c 为实常数,则 $c = \bar{c}$;

(2) 若 z 为纯虚数,则 $z \neq \bar{z}$

(3) $i < 2i$;

(4) 零的辐角是零.

10. 证明:$|z_1 + z_2|^2 + |z_1 - z_2|^2 = 2(|z_1|^2 + |z_2|^2)$,并说明其几何意义.

11.指出下列各题中点 z 的轨迹,并作图.

(1) $|z-5|=6$;

(2) $|z+i|=|z-i|$;

(3) $|z+3|+|z+1|=4$.

12.设 $z_1=x_1+iy_1, z_2=x_2+iy_2$ 为两个任意复数,证明: $z_1\bar{z_2}-\bar{z_1}z_2=2i\text{Im}(z_1\bar{z_2})$.

13.已知两点 $M_1(1,0,2), M_2(-1,1,2)$,试求空间向量 $\overrightarrow{M_1M_2}$ 及其模.

14.已知两点 $A(4,0,5), B(7,1,3)$,求与 $\overrightarrow{AB}$ 方向相同的单位向量.

15.求平行于向量 $a(4,5,-4)$ 的单位向量.

第八章　计数原理和排列组合

一、知识要点

1.

```
                                    ┌─ 计数原理 ──┬─ 加法原理
                                    │             └─ 乘法原理
                                    │                          ┌─ 排列数
┌─────────────────┐                 │             ┌─ 排列 ─────┤
│ 计数原理和排列组合 │────────────────┤             │           └─ 性质
└─────────────────┘                 ├─ 排列组合 ──┤
                                    │             │           ┌─ 组合数
                                    │             └─ 组合 ─────┤
                                    │                          └─ 性质
                                    └─ 二项式定理
```

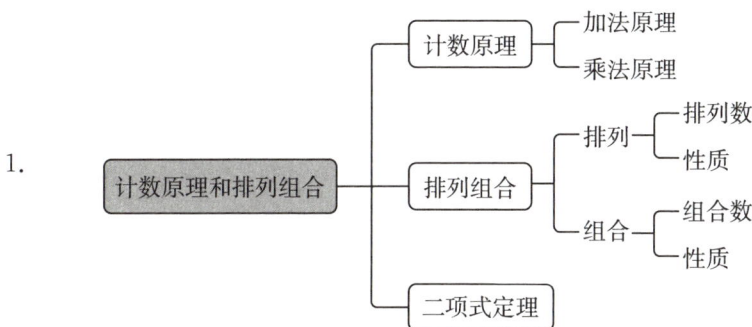

2. 排列数及其性质

① $A_n^k = n(n-1)\cdots(n-k+1) = \dfrac{n!}{(n-k)!}$;

② $A_n^n = n!$;规定 $0! = 1$;

③ $A_n^k = n\,A_{n-1}^{k-1}$;

④ $A_n^k = k\,A_{n-1}^{k-1} + A_{n-1}^k$.

3. 组合数及其性质

① $C_n^k = \dfrac{n!}{k!(n-k)!}$;

② $C_n^k = C_n^{n-k}$;

③ $C_n^k = C_{n-1}^{m-1} + C_{n-1}^k$;

④ $\displaystyle\sum_{i=0}^{k} C_{n_1}^i\, C_{n_2}^{k-i} = C_{n_1+n_2}^k$（范德蒙卷积公式）.

4. 二项式定理及其系数性质

① $(a+b)^n = C_n^0 a^0 b^n + C_n^1 a^1 b^{n-1} + \cdots + C_n^k a^k b^{n-k} + \cdots + C_n^n a^n b^0$;

② $C_n^0 + C_n^1 + \cdots + C_n^k + \cdots + C_n^n = 2^n$;

③ $C_n^0 + C_n^2 + \cdots = C_n^1 + C_n^3 + \cdots$.

二、例题精选

例 1 从 $0,1,2,\cdots,9$ 十个数字中任意选出三个不同的数字，A_1 表示三个数字中不含 0 和 5，A_2 表示三个数字中不含 0 或 5，A_3 表示三个数字含 0 但不含 5. 试求：

(1) 总共有多少种取法？   (2) A_1 多少种取法？

(3) A_2 多少种取法？   (4) A_3 多少种取法？

解 任意选出三个不同数字的取法，从 10 个元素中任意选出三个，即 $C_{10}^3 = 120$；

A_1 表示三个数字中不含 0 和 5，也就是意味着选出来的数字不包含 0 和 5，因此等价于从除去 0 和 5 剩下的 8 个数中任取 3 个，即 $C_8^3 = 56$；

A_2 表示三个数字中不含 0 或 5，这里用到了加法原理，分别求出不含 0、不含 5 的取法，再从中去掉同时含有 0 和 5 的取法，即 $2\,C_9^3 - C_8^3 = 112$；

A_3 表示三个数字中含 0 但不含 5 取法有 $C_1^1 C_8^2 = 28$ 种，即先选取 0 元素，在剩下除 5 外的 8 个元素中任选 2 个.

A_3 的取法也可以用 $C_1^1 C_9^2 - C_1^1 C_1^1 C_8^1 = 36 - 8 = 28$ 计算，自己思考怎么理解.

注 排列组合是大学课程"概率论与数理统计"中古典概型概率计算的基础知识，利用排列组合进行计数时，需要考虑是否允许元素重复，在抽取过程中是否考虑顺序关系，同时还要注意"和""或""至多""至少""恰好""有且只有"等描述词的含义，不同类之间利用加法原理，同一类不同步骤利用乘法原理. 由例 1 题意可知任意选出三个不同的数字，因此不允许元素重复，也不需要排序.

例 2 设袋中有 3 只白球 4 只红球，从袋中随机取球两次，采用有放回和不放回两种方式，分别求：(1) 总共有几种取法？(2) 取出恰有一只白球一只红球有多少种取法？(3) 至少取得一只红球有多少种取法？

解 **放回抽样（允许元素重复）**

(1) 取球两次共有 $7^2 = 49$ 种取法；

(2) 恰有一只白球一只红球，包括白红、红白两种情况：

$$C_3^1 \times C_4^1 + C_4^1 \times C_3^1 = 3 \times 4 + 4 \times 3 = 24;$$

(3) 至少取得一只红球包括白红、红白、红红，利用加法原理或者考虑对立面，即取出来都是白球：$3 \times 4 + 4 \times 3 + 4 \times 4 = 7 \times 7 - 3 \times 3 = 40$；

思考 如果取出至多一只白球呢？至少取得一只白球有多少种取法？

不放回抽样（元素不重复）

(1) 取球两次共有 $A_7^2 = 7 \times 6 = 42$ 种取法；

（2）恰有一只白球一只红球：$C_3^1 \times C_4^1 + C_4^1 \times C_3^1 = 3 \times 4 + 4 \times 3 = 24$；

（3）至少取得一只红球：$3 \times 4 + 4 \times 3 + 4 \times 3 = 7 \times 6 - 3 \times 2 = 36$.

思考　如果改为从袋子中取一次球，一次取两个，如何确定取法数？

例 3　假设每人的生日在一年 365 天中的任一天是等可能的，随机选择 n 个人，则这 n 个人生日各不相同有几种可能？

解　把 365 天看成 365 个盒子，n 个人可以看成 n 个球随机投放到 365 个盒子中，这 n 个人生日总共有 365^n 种可能，如果生日各不相同，就意味着每天至多只有一个人生日，也就意味着元素不允许重复，所以 n 个人生日各不相同有 A_{365}^n 种可能.

注　"概率论与数理统计"中古典概型的计算基于排列组合的计数原理，一般可以分为随机抽球问题和随机投球问题. 此类问题在中小学教材中都有涉及，大学内容更侧重于找出具体问题的共性，转化成抽象模型加以求解，而不再是停留在一题一方法、就题论题的局限. 比如产品抽检问题、随机取数问题、彩票中奖问题都可以归结为抽球问题，而生日问题、乘客下车、印刷错误、电梯下客等问题可以看成投球问题，解决此类问题需要关注是否允许元素重复，需不需要考虑顺序关系.

例 4　试证 $A_{n+1}^{n+1} - A_n^n = n^2 A_{n-1}^{n-1}$.

证明　由排列数计算式可得

$$A_{n+1}^{n+1} - A_n^n = (n+1)! - n! = n!(n+1-1) = n^2(n-1)! = n^2 A_{n-1}^{n-1}.$$

例 5　试证 $A_n^k = k A_{n-1}^{k-1} + A_{n-1}^k$.

证明　由排列数计算式可得

$$k A_{n-1}^{k-1} + A_{n-1}^k$$

$$= k \frac{(n-1)!}{[(n-1)-(k-1)]!} + \frac{(n-1)!}{[(n-1)-k]!}$$

$$= k \frac{(n-1)!}{[(n-1)-(k-1)]!} + \frac{(n-1)![(n-1)-(k-1)]}{[(n-1)-k]![(n-1)-(k-1)]}$$

$$= k \frac{(n-1)!}{[(n-1)-(k-1)]!} + \frac{(n-1)![(n-1)-(k-1)]}{[(n-1)-(k-1)]!}$$

$$= \frac{(n-1)!}{[(n-1)-(k-1)]!}[k+(n-k)]$$

$$= \frac{n!}{(n-k)!} = A_n^k.$$

例 6　试证 $C_n^m = \frac{m+1}{n+1} C_{n+1}^{m+1}$.

证明　由组合数计算式可得

$$\frac{m+1}{n+1} C_{n+1}^{m+1} = \frac{m+1}{n+1} \frac{(n+1)!}{(n-m)!(m+1)!} = \frac{n!}{(n-m)!m!} = C_n^m.$$

例 7 写出 $(1+x)^n$ 的展开式,并求 $C_n^0 + C_n^1 + \cdots + C_n^k + \cdots + C_n^n$.

解 由二项式定理可得

$$(1+x)^n = C_n^0 + C_n^1 x + \cdots + C_n^k x^k + \cdots + C_n^n x^n,$$

令 $x = 1$,得

$$C_n^0 + C_n^1 + \cdots + C_n^k + \cdots + C_n^n = 2^n.$$

注 要求熟记二项展开式定理,在高等数学中求两个函数乘积的高阶导数的莱布尼兹公式与二项展开式具有类似的结构.

例 8 已知 $0 < p < 1$,试证明 $\sum_{k=1}^{n} C_n^k p^k (1-p)^{n-k} = 1$.

证明 已知二项展开式

$$(a+b)^n = C_n^0 a^0 b^n + C_n^1 a^1 b^{n-1} + \cdots + C_n^k a^k b^{n-k} + \cdots + C_n^n a^n b^0$$

令 $p = a, 1-p = b$,则有

$$\sum_{k=1}^{n} C_n^k p^k (1-p)^{n-k}$$
$$= C_n^0 p^0 (1-p)^n + C_n^1 p^1 (1-p)^{n-1} + \cdots + C_n^k p^k (1-p)^{n-k} + \cdots + C_n^n p^n (1-p)^0$$
$$= (p + 1 - p)^n = 1.$$

注 例 8 是《概率论与数理统计》教材中一个重要分布二项分布(n 重伯努利分布)规范性的证明.

例 9 试证明等式

$$\sum_{i=0}^{k} C_{n_1}^i p^i (1-p)^{n_1-i} C_{n_2}^{k-i} p^{k-i} (1-p)^{n_2-k+i} = C_{n_1+n_2}^k p^k (1-p)^{n_1+n_2-k}$$

证明 $\sum_{i=0}^{k} C_{n_1}^i p^i (1-p)^{n_1-i} C_{n_2}^{k-i} p^{k-i} (1-p)^{n_2-k+i}$

$$= \sum_{i=0}^{k} C_{n_1}^i C_{n_2}^{k-i} p^k (1-p)^{n_1+n_2-k}$$

$$= p^k (1-p)^{n_1+n_2-k} \sum_{i=0}^{k} C_{n_1}^i C_{n_2}^{k-i}$$

$$= C_{n_1+n_2}^k p^k (1-p)^{n_1+n_2-k} \text{(根据范德蒙卷积公式)}.$$

注 例 9 是《概率论与数量统计》教材第三章中两个相互独立二项分布随机变量的和仍然是二项分布的证明,这里需要用到组合的基本性质 $\sum_{i=0}^{k} C_{n_1}^i C_{n_2}^{k-i} = C_{n_1+n_2}^k$.

例 10 试证明对任意正整数 n,有 $\sum_{k=0}^{n} k C_n^k = n \cdot 2^{n-1}$.

证明 $\sum_{k=0}^{n} k C_n^k = \sum_{k=0}^{n} k \frac{n!}{k!(n-k)!} = n \sum_{k=0}^{n} \frac{(n-1)!}{(k-1)!(n-k)!} = n \cdot 2^{n-1}.$

注 利用组合计算式和二项式系数性质,此证明过程可用于推导《概率论与数理统计》教材第四章二项分布均值的计算式.

习 题

1.计算下列排列数:

(1) A_{10}^4;　　　(2) A_6^6;　　　(3) $\dfrac{A_{10}^4}{A_{10}^5}$;　　　(4) $A_{15}^5 - 15\,A_{14}^4$.

2.计算下列组合数:

(1) C_{10}^4;　　　(2) C_6^6;　　　(3) $\dfrac{C_{10}^4}{C_{10}^5}$;　　　(4) $C_{14}^4 - \dfrac{5}{15}\,C_{15}^5$.

3.设四个数字1、5、7、8,若允许数字重复出现,能组成多少个四位数?若不允许数字重复出现,能组成多少个四位数?

4.某产品40件,其中次品3件,现从其中任取3件,求下列事件可能取法数:

(1)3件中恰有1件次品;　　　(2)3件中恰有2件次品;

(3)3件全是次品;　　　(4)3件全是正品;

(5)3件中至少一件为次品;　　　(6)3件中至多一件为次品.

5. 将 3 只球随机地放入 4 个杯子中去,求杯子中球的最大个数分别为 1、2、3 各有多少种放法?

6. 求 $\left(2\sqrt{x} - \dfrac{1}{\sqrt{x}}\right)^6$ 的展开式中 x^2 的系数.

7. 证明 $A_n^m = n A_{n-1}^{m-1}$.

8. 证明对任意正整数 n,有 $\dfrac{n}{n+1} C_{2n}^n = C_{2n}^{n-1}$.

9. 证明对任意正整数 n,有 $\sum\limits_{k=0}^{n} C_n^k C_n^k = C_{2n}^n$.

10. 证明对任意正整数 n,有 $\sum\limits_{k=0}^{n} (-1)^k C_n^k = 0$.

11. 试求 $\dfrac{C_n^0 + C_n^1 + \cdots + C_n^k + \cdots + C_n^n}{C_{n+1}^0 + C_{n+1}^1 + \cdots + C_{n+1}^k + \cdots + C_{n+1}^{n+1}}.$

12*. 证明 $\displaystyle\sum_{i=0}^{k} \dfrac{\lambda_1^i \, e^{-\lambda_1}}{i!} \cdot \dfrac{\lambda_2^{k-i} \, e^{-\lambda_2}}{(k-i)!} = \dfrac{(\lambda_1 + \lambda_2)^k \, e^{-\lambda_1 - \lambda_2}}{k!}$ （k 为正整数）成立.

注　可用这个结论证明《概率论与数量统计》教材第三章中"两个相互独立泊松分布的和仍然是泊松分布".

13*. 证明 $\displaystyle\sum_{k=0}^{n} k C_n^k \, p^k \, q^{n-k} = np$，其中已知 p,q 满足，$p+q=1$.

注　这是《概率论与数理统计》教材中二项分布均值的计算式.

14*. 设 $x_n = \left(1 + \dfrac{1}{n}\right)^n (n=1,2,\cdots)$，运用二项式定理证明：$x_n < x_{n+1}$ 且 $x_n < 3$.

注　高等数学中重要极限 $\displaystyle\lim_{n\to\infty}\left(1+\dfrac{1}{n}\right)^n = e$ 的证明用到此结论.

第九章　常用不等式

一、知识要点

1.

```
                      ┌─ 绝对值不等式
                      │
                      ├─ 三角不等式
                      │
                      ├─ 基本不等式
                      │
                      ├─ 平均值不等式
            常用不等式 ─┤
                      ├─ 伯努利不等式
                      │
                      ├─ 柯西不等式
                      │
                      ├─ 柯西-施瓦兹不等式
                      │
                      └─ 含三角函数的不等式
```

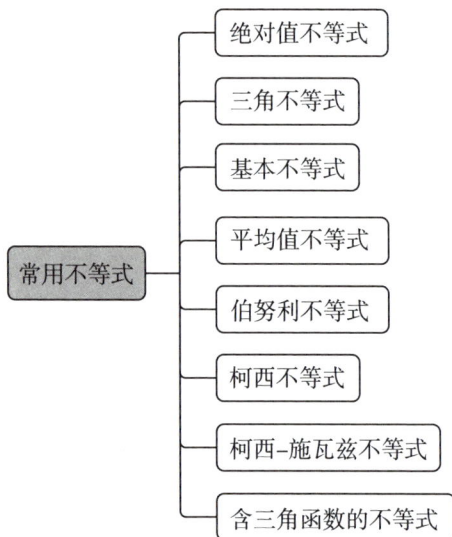

2. 不等式的内容

（1）绝对值不等式：

$$-|x| \leqslant x \leqslant |x| \ (\forall x \in \mathbf{R}).$$

（2）三角不等式：

$$||x|-|y|| \leqslant |x \pm y| \leqslant |x|+|y| \ (\forall x, y \in \mathbf{R}).$$

（3）基本不等式：

$$x^2 + y^2 \geqslant 2xy (\forall x, y \in \mathbf{R}).$$

（4）平均值不等式：若 $a_1, a_2, \cdots, a_n > 0$，则

$$\frac{n}{\dfrac{1}{a_1} + \cdots + \dfrac{1}{a_n}} \leqslant \sqrt[n]{a_1 a_2 \cdots a_n} \leqslant \frac{a_1 + a_2 + \cdots + a_n}{n}, 当且仅当 a_1 = a_2 = \cdots =$$

a_n 时等号成立.

(5) 伯努利不等式：

$$(1+x_1)(1+x_2)\cdots(1+x_n) \geqslant 1+x_1+x_2+\cdots+x_n,$$

其中 $x_i > -1(i=1,2,\cdots,n)$ 且同号，当且仅当 $n=1$ 时等号成立.

特别地，

$$(1+x)^n \geqslant 1+nx(n \text{ 为正整数};x > -1).$$

(6) 柯西不等式：对自然数 n，有

$(a_1 b_1 + a_2 b_2 + \cdots + a_n b_n)^2 \leqslant (a_1^2 + a_2^2 + \cdots + a_n^2)(b_1^2 + b_2^2 + \cdots + b_n^2)$，当且仅当存在常数 t，使得 $a_k = tb_k(k=1,2,\cdots,n)$ 时等号成立.

(7) 柯西- 施瓦兹不等式：设 $f(x),g(x)$ 是区间 $[a,b]$ 上的连续函数，则

$$\left(\int_a^b f(x)g(x)\mathrm{d}x\right)^2 \leqslant \int_a^b f^2(x)\mathrm{d}x \int_a^b g^2(x)\mathrm{d}x.$$

(8) 含三角函数的不等式：

$$|\sin x| \leqslant |x| \leqslant |\tan x| \quad \forall x \in \left(-\frac{\pi}{2},\frac{\pi}{2}\right),$$ 当且仅当 $x=0$ 时等号成立.

注 1　柯西不等式与柯西- 施瓦兹不等式其实是同一个不等式，只是表现形式不同；

注 2　在大学数学中，利用柯西- 施瓦兹不等式可以巧妙地解决一些不等式的证明问题；

注 3　含三角函数的不等式，在大学数学中属于常用的不等式.

二、例题精选

例 1　设 $a > 1$，证明：对任意正整数 n，有 $a^{\frac{1}{n}} - 1 \leqslant \dfrac{a-1}{n}$.

证　记 $x = a^{\frac{1}{n}} - 1$，则有 $a^{\frac{1}{n}} = 1+x$，由伯努利不等式有

$$a = (1+x)^n \geqslant 1+nx.$$

即，$a^{\frac{1}{n}} - 1 = x \leqslant \dfrac{a-1}{n}$.

例 2　设 $a > 0$ 为常数，$x_0 > 0$，$x_{n+1} = \dfrac{1}{2}\left(x_n + \dfrac{a}{x_n}\right)(n \geqslant 0)$，试证明：$n \geqslant 1$ 时，数列 $\{x_n\}$ 单调递减且有界.

证　由 $x_{n+1} = \dfrac{1}{2}\left(x_n + \dfrac{a}{x_n}\right)$ 及基本不等式可知，当 $n \geqslant 1$ 时，有 $x_n \geqslant \sqrt{a}$.

又因为

$$x_{n+1} - x_n = \frac{1}{2}\left(\frac{a}{x_n} - x_n\right) = \frac{a - x_n^2}{2x_n} \leqslant 0,$$

所以数列 $\{x_n\}$ 为单调递减数列,且 $\sqrt{a} \leqslant x_n \leqslant x_1$,即有界.

例 3 已知 $x^2 + y^2 = a$,$m^2 + n^2 = b$,求 $mx + ny$ 的最大值.

解 由柯西不等式,得

$$(x^2 + y^2)(m^2 + n^2) \geqslant (mx + ny)^2.$$

而 $(x^2 + y^2)(m^2 + n^2) = ab$,所以 $|mx + ny| \leqslant \sqrt{ab}$. 从而 $mx + ny$ 的最大值为 $\sqrt{ab}$.

例 4 设 $x \in \left(-\dfrac{\pi}{2}, 0\right) \bigcup \left(0, \dfrac{\pi}{2}\right)$,证明:$\cos x < \dfrac{\sin x}{x} < 1$.

解 由于 $\dfrac{\sin x}{x}$,$\cos x$ 均为偶函数,故只需证明 $x \in \left(0, \dfrac{\pi}{2}\right)$ 时,有 $\cos x < \dfrac{\sin x}{x} < 1$ 即可.

由含三角函数的不等式可知,

$$x \in \left(0, \frac{\pi}{2}\right),\text{有} \sin x < x < \tan x,$$

即 $1 < \dfrac{x}{\sin x} < \dfrac{1}{\cos x}$,所以 $x \in \left(-\dfrac{\pi}{2}, 0\right) \bigcup \left(0, \dfrac{\pi}{2}\right)$ 时 $\cos x < \dfrac{\sin x}{x} < 1$ 成立.

例 5 设 x, y 满足 $2x + y = 2$,求 $\dfrac{2}{x} + \dfrac{1}{y}$ 的最小值.

解 由基本不等式,得

$$\frac{2}{x} + \frac{1}{y} = \frac{1}{2}(2x + y)\left(\frac{2}{x} + \frac{1}{y}\right) = \frac{1}{2}\left(5 + \frac{2y}{x} + \frac{2x}{y}\right) \geqslant \frac{9}{2}.$$

因此 $\dfrac{2}{x} + \dfrac{1}{y}$ 的最小值为 $\dfrac{9}{2}$.

例 6 已知 $a_1, a_2, \cdots, a_n$ 均为正数,且满足 $a_1 \cdot a_2 \cdots \cdot a_n = 1$,证明 $(2 + a_1)(2 + a_2) \cdots (2 + a_n) \geqslant 3^n$.

证 由平均值不等式,得

$$(2 + a_i) = (1 + 1 + a_i) \geqslant 3 \sqrt[3]{1 \cdot 1 \cdot a_i} = 3 \sqrt[3]{a_i} \quad (n = 1, 2, \cdots, n).$$

故而

$$(2 + a_1)(2 + a_2) \cdots (2 + a_n) \geqslant 3^n \sqrt[3]{a_1 \cdot a_2 \cdots \cdot a_n} = 3^n.$$

习　题

1. 设 a,b,c 为正实数，且 $a+b+c=1$，证明：$\left(\dfrac{1}{a}-1\right)\left(\dfrac{1}{b}-1\right)\left(\dfrac{1}{c}-1\right)\geqslant 8$.

2. 已知 $a_1,a_2,\cdots,a_n$ 为两两各不相同的正整数，证明：

$$\sum_{k=1}^{n}\frac{a_k}{k^2}\geqslant\sum_{k=1}^{n}\frac{1}{k}.\ （n\ 为正整数）$$

3. 设 $x_1,x_2,\cdots,x_n$ 都为正整数，证明：$\dfrac{x_1^2}{x_2}+\dfrac{x_2^2}{x_3}+\cdots+\dfrac{x_{n-1}^2}{x_n}+\dfrac{x_n^2}{x_1}\geqslant x_1+x_2+\cdots+x_n$.

4. 证明数列 $\sqrt{2}$，$\sqrt{2+\sqrt{2}}$，$\sqrt{2+\sqrt{2+\sqrt{2}}}$，$\sqrt{2+\sqrt{2+\sqrt{2+\sqrt{2}}}}$，$\cdots$ 单调递增且有界.

5. 设 $a_1, a_2, \cdots, a_n, b_1, b_2, \cdots, b_n$ 都是正数，且 $\sum\limits_{k=1}^{n} a_k = \sum\limits_{k=1}^{n} b_k$，证明：

$$\sum_{k=1}^{n} \frac{a_k^2}{a_k + b_k} \geqslant \frac{1}{2} \sum_{k=1}^{n} a_k.$$

6. 设 $a_i \geqslant 1 (i = 1, 2, \cdots, n)$，证明：

$$(1 + a_1)(1 + a_2) \cdots (1 + a_n) \geqslant \frac{2^n}{n+1}(1 + a_1 + a_2 + \cdots + a_n).$$

7. 设 $a > 0, b > 0, c > 0$ 且满足 $a + b + c = 9$，证明：$\dfrac{1}{a+b} + \dfrac{1}{b+c} + \dfrac{1}{c+a} \geqslant \dfrac{1}{2}$.

8. 若 x, y 是正数，且 $x + y \leqslant 4$，证明：$\dfrac{1}{x} + \dfrac{1}{y} \geqslant 1$.

第十章 数列极限简介

一、知识要点

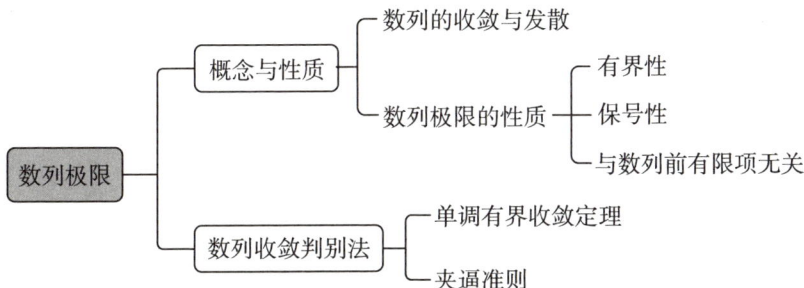

二、例题精选

例 1 设 $x_n = \begin{cases} \dfrac{n^2+1}{n}, & n \text{ 为奇数,} \\ \dfrac{1}{n}, & n \text{ 为偶数.} \end{cases}$ 证明:当 $n \to \infty$ 时,数列 $\{x_n\}$ 无界.

证明 $\forall M > 0$,取 $N = [M] + 1$,存在奇数 $n_0 > N$ 时,有

$$|x_{n_0}| = \frac{n_0^2 + 1}{n_0} = n_0 + \frac{1}{n_0} > n_0 > N > M$$

所以数列 $\{x_n\}$ 无界.

例 2 证明 $\lim\limits_{n \to \infty} q^n = 0$,其中 $|q| < 1$ 为常数.

证明 $q = 0$ 时,显然 $\lim\limits_{n \to \infty} 0 = 0$.

$0 < |q| < 1$ 时,$\forall \varepsilon > 0$,取 $N = \left[\dfrac{\ln \varepsilon}{\ln |q|}\right] + 1$,当 $n > N$ 时,有

$$|q^n - 0| = |q|^n < |q|^{\frac{\ln \varepsilon}{\ln |q|}} = \varepsilon,$$

即 $\lim\limits_{n \to \infty} q^n = 0$.

注 上面例题的结果作为一个重要结论经常使用.

例 3 已知数列 $\{a_n\}$，$\{b_n\}$，$\{c_n\}$，且 $\lim\limits_{n\to\infty} a_n = 0$，$\lim\limits_{n\to\infty} b_n = 1$，$\lim\limits_{n\to\infty} c_n = \infty$，则（　　）

A. 对任意正整数 n，$a_n < b_n$ 都成立

B. 极限 $\lim\limits_{n\to\infty} a_n c_n$ 总存在

C. 极限 $\lim\limits_{n\to\infty} a_n c_n$ 不存在

D. 极限 $\lim\limits_{n\to\infty} b_n c_n$ 不存在

解　极限描述的是在自变量变化过程中函数（数列）变化的趋势，数列极限存在与否与其前有限项的值无关，因此可以排除 A.

若 $a_n = \dfrac{1}{n}$，$c_n = n$，则 $\lim\limits_{n\to\infty} a_n c_n = 1$；若 $a_n = \dfrac{1}{n}$，$c_n = n^2$，则 $\lim\limits_{n\to\infty} a_n c_n = \infty$，所以极限 $\lim\limits_{n\to\infty} a_n c_n$ 可能存在，也可能不存在，排除 B 和 C，故选 D.

例 4　求极限 $\lim\limits_{n\to\infty} \dfrac{n^{\frac{5}{2}} - n + 6}{2\,n^{\frac{5}{2}} + 2\,n^2 - 7}$.

解

$$\lim_{n\to\infty} \frac{n^{\frac{5}{2}} - n + 6}{2\,n^{\frac{5}{2}} + 2\,n^2 - 7} = \lim_{n\to\infty} \frac{1 - n^{-\frac{3}{2}} - 6\,n^{-\frac{5}{2}}}{2 + 2\,n^{-\frac{1}{2}} - 7\,n^{-\frac{5}{2}}} = \frac{1}{2}.$$

例 5　求极限 $\lim\limits_{n\to\infty} \left[\dfrac{1}{2!} + \dfrac{2}{3!} + \cdots + \dfrac{n}{(n+1)!} \right]$.

解　由于

$$\frac{k}{(k+1)!} = \frac{k+1-1}{(k+1)!} = \frac{1}{k!} - \frac{1}{(k+1)!} \quad (k = 1, 2, \cdots, n),$$

因此有

$$\lim_{n\to\infty} \left[\frac{1}{2!} + \frac{2}{3!} + \cdots + \frac{n}{(n+1)!} \right] = \lim_{n\to\infty} \left[\frac{1}{1!} - \frac{1}{2!} + \frac{1}{2!} - \frac{1}{3!} + \cdots + \frac{1}{n!} - \frac{1}{(n+1)!} \right] = 1.$$

例 6　求极限 $\lim\limits_{n\to\infty} \left(\dfrac{n+1}{n} \right)^{(-1)^n}$.

解　记 $x_n = \left(\dfrac{n+1}{n} \right)^{(-1)^n}$，当 $n = 2k$ 时，

$$\lim_{n\to\infty} \left(\frac{n+1}{n} \right)^{(-1)^n} = \lim_{k\to\infty} \left(\frac{2k+1}{2k} \right)^{(-1)^{2k}} = \lim_{k\to\infty} \frac{2k+1}{2k} = 1;$$

当 $n = 2k-1$ 时，

$$\lim_{n\to\infty} \left(\frac{n+1}{n} \right)^{(-1)^n} = \lim_{k\to\infty} \left(\frac{2k-1+1}{2k-1} \right)^{(-1)^{2k-1}} = \lim_{k\to\infty} \left(\frac{2k}{2k-1} \right)^{-1} = 1.$$

可知 $\lim\limits_{k\to\infty} x_{2k} = \lim\limits_{k\to\infty} x_{2k-1} = 1$，因此 $\lim\limits_{n\to\infty} x_n = 1$，即 $\lim\limits_{n\to\infty} \left(\dfrac{n+1}{n} \right)^{(-1)^n} = 1$.

例 7　求极限 $\lim\limits_{n \to \infty}\left(\dfrac{1}{\sqrt{n^2+1}} + \dfrac{1}{\sqrt{n^2+2}} + \cdots + \dfrac{1}{\sqrt{n^2+n}}\right)$.

解　因为

$$\frac{n}{\sqrt{n^2+n}} \leqslant \frac{1}{\sqrt{n^2+1}} + \frac{1}{\sqrt{n^2+2}} + \cdots + \frac{1}{\sqrt{n^2+n}} \leqslant \frac{n}{\sqrt{n^2+1}},$$

又因为

$$\lim_{n \to \infty}\frac{n}{\sqrt{n^2+n}} = \lim_{n \to \infty}\frac{n}{\sqrt{n^2+1}} = 1,$$

根据夹逼准则,原式 $= 1$.

例 8　设 $a_n = \left(1 - \dfrac{1}{2}\right)\left(1 - \dfrac{1}{2^2}\right)\cdots\left(1 - \dfrac{1}{2^n}\right)$,证明数列 $\{a_n\}$ 收敛.

证明　因为

$$a_n = \left(1 - \frac{1}{2}\right)\left(1 - \frac{1}{2^2}\right)\cdots\left(1 - \frac{1}{2^n}\right) > 0,$$

且

$$\frac{a_{n+1}}{a_n} = 1 - \frac{1}{2^{n+1}} < 1,$$

故数列 $\{a_n\}$ 单调递减有下界,由单调有界准则,数列 $\{a_n\}$ 收敛.

习　题

1.若数列 $\{a_n\}$,$\{b_n\}$ 都无界,问:数列 $\{a_n b_n\}$ 是否一定无界?若是,请证明;若否,请举出反例.

2.设 $\{x_n\}$ 是数列,下列命题中不正确的是(　　)

A. 若 $\lim\limits_{n \to \infty} x_n = a$,则 $\lim\limits_{n \to \infty} x_{2n} = \lim\limits_{n \to \infty} x_{2n+1} = a$

B. 若 $\lim\limits_{n \to \infty} x_{2n} = \lim\limits_{n \to \infty} x_{2n+1} = a$,则 $\lim\limits_{n \to \infty} x_n = a$

C. 若 $\lim\limits_{n \to \infty} x_n = a$,则 $\lim\limits_{n \to \infty} x_{3n} = \lim\limits_{n \to \infty} x_{3n+1} = a$

D. 若 $\lim\limits_{n \to \infty} x_{3n} = \lim\limits_{n \to \infty} x_{3n+1} = a$,则 $\lim\limits_{n \to \infty} x_n = a$

3.证明:若 $\lim\limits_{n\to\infty} a_n = A$,则 $\lim\limits_{n\to\infty} |a_n| = |A|$.

4.求极限 $\lim\limits_{n\to\infty} \dfrac{5n + 2\sqrt{n} + 4}{\sqrt{n^3 + 1}}$.

5.求极限 $\lim\limits_{n\to\infty} \left(\sqrt{n + \sqrt{n}} - \sqrt{n - \sqrt{n}} \right)$.

6.设 $x_n = \left(1 + \dfrac{1}{2}\right)\left(1 + \dfrac{1}{4}\right) \cdots \left(1 + \dfrac{1}{2^{2^{n-1}}}\right)$,求 $\lim\limits_{n\to\infty} x_n$.

7.求极限 $\lim\limits_{n\to\infty} \left[\dfrac{1}{n^2 + n + 1} + \dfrac{2}{n^2 + n + 2} + \cdots + \dfrac{n}{n^2 + n + n} \right]$.

8. 求极限 $\lim\limits_{n\to\infty}\sqrt[n]{1+a^n}$ $(a\geqslant 0)$.

9. 设数列 $\{a_n\}$ 满足 $a_1=a(a>0)$, $a_{n+1}=\dfrac{1}{2}\left(a_n+\dfrac{2}{a_n}\right)$, 证明极限 $\lim\limits_{n\to\infty}a_n$ 存在, 并求其值.

10. 设 $0<x_0<y_0$, $x_{n+1}=\sqrt{x_n\cdot y_n}$, $y_{n+1}=\dfrac{x_n+y_n}{2}$ $(n=0,1,2,\cdots)$, 证明: $\lim\limits_{n\to\infty}x_n=\lim\limits_{n\to\infty}y_n$.

附录1　一元多项式函数

本部分主要介绍多项式与多项式函数的一些基本公式和重要结论,它们在大学数学的学习中会常常被用到.

一、知识要点

1. 常见的因式分解公式

(1) 平方差公式:$a^2 - b^2 = (a-b)(a+b)$;

(2) 完全平方公式:$a^2 \pm 2ab + b^2 = (a \pm b)^2$;

(3) 完全立方公式:$a^3 + 3a^2b + 3ab^2 + b^3 = (a+b)^3$,

$\qquad\qquad\qquad\qquad a^3 - 3a^2b + 3ab^2 - b^3 = (a-b)^3$;

(4) 立方和(差)公式:$a^3 \pm b^3 = (a \pm b)(a^2 \mp ab + b^2)$;

(5) 推广:$a^n - b^n = (a-b)(a^{n-1} + a^{n-2}b + \cdots + ab^{n-2} + b^{n-1})$;

特别地,$1 - b^n = (1-b)(1 + b + \cdots + b^{n-2} + b^{n-1})$.

2. 几个重要定理

称 $f(x) = a_n x^n + \cdots + a_1 x + a_0 (a_n \neq 0, n$ 为非负整数) 为一元 n 次多项式函数(又叫一元 n 次多项式). 当 $f(x)$ 的系数全为实数时,称 $f(x)$ 是实系数一元多项式函数;当 $f(x)$ 的系数全为复数时,称 $f(x)$ 是复系数一元多项式函数.

定理 1(代数基本定理)　任意一个 n 次复系数多项式函数,在复数范围内必有 n 个根(重根按重数计).

定理 2(因式分解定理)

(1) 任意一个复系数多项式函数均可分解为若干个复系数一次多项式函数的乘积.

(2) 任意一个实系数多项式函数均可分解为若干个实系数一次多项式函数与若干个没有实根的实系数二次多项式函数的乘积.

即,设 $f(x) = x^n + a_{n-1} x^{n-1} + \cdots + a_1 x + a_0 (n$ 为非负整数),

(1) 如果 $a_0, a_1, \cdots, a_{n-1}$ 都是复数,则存在 n 个复数 $x_1, x_2, \cdots, x_n$,使得

$$f(x) = (x - x_1)(x - x_2)\cdots(x - x_n).$$

(2) 如果 $a_0, a_1, \cdots, a_{n-1}$ 都是实数，则存在实数 $x_1, x_2, \cdots, x_t, p_1, q_1, p_2, q_2, \cdots,$ $p_s, q_s (t + 2s = n)$，使得

$$f(x) = (x - x_1)(x - x_2)\cdots(x - x_t)(x^2 + p_1 x + q_1)(x^2 + p_2 x + q_2)\cdots(x^2 + p_s x + q_s),$$

其中 $\Delta_i = p_i^2 - 4q_i < 0, i = 1, 2, \cdots, s$。

定理 3(整系数多项式有理根的判别定理)　设

$$f(x) = a_n x^n + a_{n-1} x^{n-1} + \cdots + a_0$$

是一个整系数多项式，而 $\dfrac{r}{s}$ 是它的一个有理根，其中 r, s 互素。则

(1) s 整除 a_n，r 整除 a_0；

(2) 特别地，如果 $a_n = 1$，那么 $f(x)$ 的有理根都是整根，而且是 a_0 的因子。

3. 有理分式函数

设

$$f(x) = a_n x^n + a_{n-1} x^{n-1} + \cdots + a_1 x + a_0,$$
$$g(x) = b_m x^m + b_{m-1} x^{m-1} + \cdots + b_1 x + b_0$$

分别是 n 次与 m 次实系数多项式，称 $\dfrac{f(x)}{g(x)}$ 为有理函数，又称为有理分式函数。

当 $n < m$ 时称此有理函数为真分式，否则称为假分式。

结论：在实数范围内，

(1) 利用多项式除法，有"假分式 = 多项式 + 真分式"；

(2) 任何真分式可以化成部分分式之和，即假设 $\dfrac{f(x)}{g(x)}$ 是真分式，则 $\dfrac{f(x)}{g(x)}$ 可以化成形如以下两类真分式函数之和

$$\frac{f_1(x)}{(x-a)^k}, \frac{f_2(x)}{(x^2 + px + q)^l} (k, l \text{ 为正整数}, p^2 - 4q < 0),$$

其中 $(x-a)^k, (x^2 + px + q)^l$ 都是多项式 $g(x)$ 的因子。

二、例题精选

例 1　将函数 $f(x) = \dfrac{x}{\sqrt[5]{1+x} - 1}$ 进行分母有理化。

解　根据公式

$$a^n - b^n = (a - b)(a^{n-1} + a^{n-2} b + \cdots + a b^{n-2} + b^{n-1}),$$

分子分母同乘以 $\left(\sqrt[5]{1+x}\right)^4 + \left(\sqrt[5]{1+x}\right)^3 + \left(\sqrt[5]{1+x}\right)^2 + \left(\sqrt[5]{1+x}\right) + 1$，得

$$f(x) = \frac{x}{\sqrt[5]{1+x} - 1}$$

$$= \frac{x\left[\left(\sqrt[5]{1+x}\right)^4+\left(\sqrt[5]{1+x}\right)^3+\left(\sqrt[5]{1+x}\right)^2+\left(\sqrt[5]{1+x}\right)+1\right]}{\left(\sqrt[5]{1+x}-1\right)\left[\left(\sqrt[5]{1+x}\right)^4+\left(\sqrt[5]{1+x}\right)^3+\left(\sqrt[5]{1+x}\right)^2+\left(\sqrt[5]{1+x}\right)+1\right]}$$

$$= \left(\sqrt[5]{1+x}\right)^4+\left(\sqrt[5]{1+x}\right)^3+\left(\sqrt[5]{1+x}\right)^2+\left(\sqrt[5]{1+x}\right)+1.$$

在大学数学求极限运算中,通常利用因式分解公式进行有理化,再求极限.

例 2 求方程 $2x^4-x^3+2x-3=0$ 的有理根.

解 因为这个方程的有理根只可能是 $\pm1,\pm3,\pm\dfrac{1}{2},\pm\dfrac{3}{2}$,直接验证可得这个方程的有理根只有 $x=1$.

例 3 证明 $f(x)=x^3-5x+1$ 没有有理根.

证明 如果 $f(x)$ 有一个有理根,则此有理根只可能是 ±1.直接验证可知 ±1 都不是根,因而 $f(x)$ 没有有理数根.

例 4 将假分式 $\dfrac{x^4-5x^2-9}{x^2-x-6}$ 化成多项式与真分式的和.

解 利用多项式的带余除法

$$
\begin{array}{r}
x^2+x+2 \\
x^2-x-6 \overline{)\,x^4+0x^3-5x^2+0x-9} \\
\underline{x^4-x^3-6x^2} \\
x^3+x^2+0x \\
\underline{x^3-x^2-6x} \\
2x^2+6x-9 \\
\underline{2x^2-2x-12} \\
8x+3
\end{array}
$$

得

$$x^4-5x^2-9=(x^2-x-6)(x^2+x+2)+(8x+3).$$

所以

$$\frac{x^4-5x^2+4}{x^2-x-6}=x^2+x+2+\frac{8x+3}{x^2-x-6}.$$

注 也可以用凑的方法直接写出

$$x^4-5x^2-9=(x^2-x-6)(x^2+x+2)+(8x+3).$$

例 5 将真分式 $\dfrac{3}{(x^2-2x+1)(x^2+x+1)}$ 化成部分分式之和.

解 第一步,将分母在实数范围内因式分解,得

$$\frac{3}{(x^2-2x+1)(x^2+x+1)}=\frac{3}{(x-1)^2(x^2+x+1)}$$

第二步,利用赋值法,将真分式写成部分分式之和

$$\frac{3}{(x-1)^2(x^2+x+1)} = \frac{ax+b}{(x-1)^2} + \frac{cx+d}{(x^2+x+1)}$$

等号右边通分,再比较等式两边的分子,得

$$\begin{cases} a+c=0 \\ a+b-2c+d=0 \\ a+b+c-2d=0 \\ b+d=3 \end{cases} \xRightarrow{\text{解得}} \begin{cases} a=-1 \\ b=2 \\ c=1 \\ d=1 \end{cases}$$

所以

$$\frac{3}{(x^2-2x+1)(x^2+x+1)} = \frac{-x+2}{(x-1)^2} + \frac{x+1}{(x^2+x+1)}.$$

大学数学在求有理函数积分的运算中,常需要利用例 4、例 5 的方法将有理函数先化为多项式函数与部分分式之和的形式,再进行积分.

习　题

1. 求方程 $4x^4 - 7x^2 - 5x - 1 = 0$ 的有理根.

2. 证明:$f(x) = 3x^3 - x + 1$ 没有有理根.

3.将假分式 $\dfrac{x^4+1}{x+1}$ 化成多项式与真分式的和.

4.将真分式 $\dfrac{1}{(x+1)(x^2+x+2)}$ 化成部分分式之和.

5*.求极限 $\lim\limits_{x\to 1}\dfrac{\sqrt{5x-4}-\sqrt{x}}{x-1}$.（提示:先分子有理化）

附录2　坐标变换与矩阵

在平面直角坐标系中,坐标是用来刻画点的位置的.对于两个不同的坐标系,由于原点和坐标轴的相对位置不同,所以同一个点在这两个坐标系中的坐标也不相同,因此就需要讨论不同坐标系下坐标之间的关系,即坐标变换.在大学数学中,将会用矩阵去刻画不同坐标系之间坐标的关系.

一、知识要点

1. 平移变换

xOy 和 $x'O'y'$ 是两个不同的平面直角坐标系,其中 O,O' 分别是这两个坐标系的原点,x 轴与 x' 轴平行、y 轴与 y' 轴平行,且单位长度相同,坐标系 $x'O'y'$ 可以看成是将坐标系 xOy 平移所得.平面中的点 M 在两坐标系中的坐标分别为 (x,y),(x',y'),而 O' 点在 xOy 坐标系中的坐标为 (x_0,y_0),则

$$\begin{cases} x = x_0 + x' \\ y = y_0 + y' \end{cases}$$

2. 旋转变换

xOy 和 $x'Oy'$ 是两个不同的平面直角坐标系,它们的原点相同,x' 轴是 x 轴绕原点 O 逆时针旋转角度 θ 得到,y' 轴是 y 轴绕原点 O 逆时针旋转角度 θ 得到,因此坐标系 $x'Oy'$ 轴可以看成是坐标系 xOy 轴绕原点 O 逆时针旋转角度 θ 得到.平面中的点 M 在两坐标系中的坐标分别为 (x,y),(x',y'),则

$$\begin{cases} x = x'\cos\theta - y'\sin\theta \\ y = x'\sin\theta + y'\cos\theta \end{cases}$$

注　平移变换和旋转变换不改变两点间距离,因此不会改变平面曲线形状.

3. 矩阵与变换

(1) 矩阵即数表,2 行 2 列的数表,称为二阶矩阵,记为 $\begin{pmatrix} a & b \\ c & d \end{pmatrix}$;

(2) 对于点 $M(x,y)$,其坐标也可以表示成矩阵形式:$\begin{pmatrix} x \\ y \end{pmatrix}$;

(3) 设矩阵 $A = \begin{pmatrix} a & b \\ c & d \end{pmatrix}, B = \begin{pmatrix} x & y \\ w & z \end{pmatrix}$，则矩阵加法和乘法分别为

$$A + B = \begin{pmatrix} a & b \\ c & d \end{pmatrix} + \begin{pmatrix} x & y \\ w & z \end{pmatrix} = \begin{pmatrix} a+x & b+y \\ c+w & d+z \end{pmatrix}$$

$$AB = \begin{pmatrix} a & b \\ c & d \end{pmatrix} \begin{pmatrix} x & y \\ w & z \end{pmatrix} = \begin{pmatrix} ax+bw & ay+bz \\ cx+dw & cy+dz \end{pmatrix}$$

特别地，如果 $B = \begin{pmatrix} x \\ y \end{pmatrix}$，则 $AB = \begin{pmatrix} a & b \\ c & d \end{pmatrix} \begin{pmatrix} x \\ y \end{pmatrix} = \begin{pmatrix} ax+by \\ cx+dy \end{pmatrix}$

注意：矩阵的乘法运算满足结合律，但不满足交换律和消去律.

新旧坐标系下的坐标变换，可以通过矩阵运算去刻画，比如平移变换可表示为 $\begin{pmatrix} x \\ y \end{pmatrix} = \begin{pmatrix} 1 & 0 \\ 0 & 1 \end{pmatrix} \begin{pmatrix} x' \\ y' \end{pmatrix} + \begin{pmatrix} x_0 \\ y_0 \end{pmatrix}$；旋转变换可表示为 $\begin{pmatrix} x \\ y \end{pmatrix} = \begin{pmatrix} \cos\theta & -\sin\theta \\ \sin\theta & \cos\theta \end{pmatrix} \begin{pmatrix} x' \\ y' \end{pmatrix}$，同样，矩阵也对应着坐标之间的变换.

比如：矩阵 $\begin{pmatrix} 1 & 0 \\ 0 & 0 \end{pmatrix}$，将坐标 (x, y) 变为 (x', y')，即

$$\begin{pmatrix} x' \\ y' \end{pmatrix} = \begin{pmatrix} 1 & 0 \\ 0 & 0 \end{pmatrix} \begin{pmatrix} x \\ y \end{pmatrix}$$

根据矩阵乘法可知 $\begin{pmatrix} x' \\ y' \end{pmatrix} = \begin{pmatrix} x \\ 0 \end{pmatrix}$，所以此变换将点 (x, y) 变为 $(x, 0)$，称为在 x 轴上的投影变换，矩阵 $\begin{pmatrix} 1 & 0 \\ 0 & 0 \end{pmatrix}$ 称为投影变换矩阵.

大学数学中涉及的线性变换及其性质，都是通过研究线性变换对应的矩阵来实现的.

二、例题精选

例 1 求点 $M(3, 4)$ 在矩阵 $\begin{pmatrix} 1 & 0 \\ 0 & -1 \end{pmatrix}$ 对应的变换作用下的坐标.

解 设所求坐标为 (x, y)，则

$$\begin{pmatrix} x \\ y \end{pmatrix} = \begin{pmatrix} 1 & 0 \\ 0 & -1 \end{pmatrix} \begin{pmatrix} 3 \\ 4 \end{pmatrix} = \begin{pmatrix} 3 \\ -4 \end{pmatrix}$$

因此点 $M(3, 4)$ 在变换 $\begin{pmatrix} 1 & 0 \\ 0 & -1 \end{pmatrix}$ 下变为 $(3, -4)$.

注 变换 $\begin{pmatrix} 1 & 0 \\ 0 & -1 \end{pmatrix}$ 称为对 x 轴的对称变换. 类似的，变换 $\begin{pmatrix} -1 & 0 \\ 0 & 1 \end{pmatrix}$ 称为对 y

轴的对称变换.

例 2　$a,b \in \mathbf{R}$,若在矩阵 $\boldsymbol{A} = \begin{pmatrix} a & 0 \\ -1 & b \end{pmatrix}$ 对应的变换作用下,把直线 $l:2x+y-7=0$,变换为另一直线 $l_1:9x+y-91=0$,试求 a,b 的值.

解　在直线 l 上取两点 $A(0,7)$,$B(\frac{7}{2},0)$,则

$$\begin{pmatrix} a & 0 \\ -1 & b \end{pmatrix}\begin{pmatrix} 0 \\ 7 \end{pmatrix} = \begin{pmatrix} 0 \\ 7b \end{pmatrix},\quad \begin{pmatrix} a & 0 \\ -1 & b \end{pmatrix}\begin{pmatrix} \frac{7}{2} \\ 0 \end{pmatrix} = \begin{pmatrix} \frac{7}{2}a \\ -\frac{7}{2} \end{pmatrix}$$

而变换后的两点 $A_1(0,7b)$,$B_1(\frac{7}{2}a,-\frac{7}{2})$ 在直线 l_1 上,因此

$$\begin{cases} 7b - 91 = 0 \\ \frac{63}{2}a - \frac{7}{2} - 91 = 0 \end{cases}$$

可解得 $a = 3$,$b = 13$.

例 3　求出到点 $(-1,1)$,$(1,1)$ 距离之和等于 4 的点的轨迹方程,并确定它是什么曲线.

解　设 (x,y) 是满足题目条件的任意点的坐标,则

$$\sqrt{(x+1)^2 + (y-1)^2} + \sqrt{(x-1)^2 + (y-1)^2} = 4$$

化简得 $\frac{3}{4}x^2 + y^2 - 2y - 2 = 0$,即 $\frac{x^2}{4} + \frac{(y-1)^2}{3} = 1$.

再经过平移变换 $\begin{cases} x = x' \\ y = y' + 1 \end{cases}$,可得 $\frac{x'^2}{4} + \frac{y'^2}{3} = 1$,这表示椭圆,而平移变换不改变曲线形状,因此所求轨迹表示椭圆.

习　题

1.已知在变换 $\begin{pmatrix} 1 & 0 \\ 0 & k \end{pmatrix}(k>0)$ 对应的变换作用下,曲线 $C_1:x^2+y^2=1$ 变换为曲线 $C_2:x^2+4y^2=1$,求 k.

2.已知矩阵 $\boldsymbol{M} = \begin{pmatrix} 2 & -3 \\ 1 & -1 \end{pmatrix}$ 所对应的变换把点 $A(x,y)$ 变成点 $A'(13,5)$,试求点 A 的坐标.

3.在平面直角坐标系 xOy 中,设椭圆 $4x^2 + y^2 = 1$ 在矩阵 $\begin{pmatrix} 2 & 0 \\ 0 & 1 \end{pmatrix}$ 对应的变换作用下得到曲线 F,求 F 的方程.

4.求直线 $2x + y - 1 = 0$ 绕原点逆时针旋转 $\dfrac{\pi}{4}$ 后所得直线的方程.

5.请给出到点 $(1,1)$ 及直线 $x + y + 2 = 0$ 距离相等的点的轨迹方程,并确定它是什么曲线.

附录3　　练习题答案或提示

第一章　　集合与映射

1. $a = 0$ 或 $a = 3$.

2. (1) 错, (2) 错, (3) 错.

3. $A \backslash B = \{1, 3, 5, 7\}, C^C = \{2, 4, 6, 8\}$.

4. $A \times B = \{(x, 1), (x, 2), (y, 1), (y, 2), (z, 1), (z, 2)\}$;

$B \times A = \{(1, x), (1, y), (1, z), (2, x), (2, y), (2, z)\}$;

$A \times B = B \times A$ 不成立.

5. A 的子集共有 16 个;

真子集: $\varnothing, \{a\}, \{b\}, \{c\}, \{d\}, \{a, b\}, \{a, c\}, \{a, d\}, \{b, c\}, \{b, d\}, \{c, d\}$,
$\{a, b, c\}, \{a, b, d\}, \{a, c, d\}, \{b, c, d\}$.

6. $A \bigcap B = \left\{ \left(\frac{\sqrt{2}}{2}, \frac{\sqrt{2}}{2} \right), \left(-\frac{\sqrt{2}}{2}, -\frac{\sqrt{2}}{2} \right) \right\}$.

7. $a - b \geqslant 3$ 或 $a - b \leqslant -3$.

8. 不是.

9. $a = 5, b = 2$.

10. (1) $f \circ g : \mathbf{R}^+ \to \mathbf{R}, (f \circ g)(x) = (\ln x)^3$;

(2) $g \circ f$ 不是映射, 因为 f 的值域不含在 g 的定义域内.

11. $100a$.

12. (1) $f(1) = 0$; 　 (2) (略)

13. $f(2) = (8, 2), f(3) = (27, 3)$.

14. f 是单射, 不是满射, 不是双射. 因为 f 的值域是 $(0, 1)$.

15. $f : \mathbf{R} \to \mathbf{R}^+, f(x) = |x|, g : \mathbf{R}^+ \to \mathbf{R}, g(x) = x$, 有 $f \circ g = 1_{\mathbf{R}^+}$.

第二章　　函数及其基本性质

1. $[0, 2]$.

2. $(-\infty, 0) \bigcup (0, 3)$.

3. $(-\infty, 1] \bigcup \left[\frac{5}{2}, +\infty \right)$.

4. (1) $\left(-\infty,-\dfrac{1}{2}\right]$ 是单调减少区间,$\left(\dfrac{1}{2},+\infty\right)$ 是单调增加区间;

(2) $(-\infty,0]$ 是单调减少区间,$(0,+\infty)$ 是单调增加区间;

(3) $(-\infty,0]$ 是单调减少区间,$(0,+\infty)$ 是单调增加区间;

(4) $x\in[-\pi,\pi]$ 时函数单调递增.

5. (1) 偶函数;(2) 非奇非偶;(3) 奇函数;(4) 奇函数.

6. (1) 是周期函数,最小正周期为 $\dfrac{2\pi}{3}$;

(2) 是周期函数,最小正周期为 2;

(3) 非周期函数;

(4) 是周期函数,最小正周期为 π.

第三章 三角公式

1. 略.

2. $2\cos\dfrac{\alpha+x}{2}\sin\dfrac{\alpha-x}{2}$.

3. 略.

4. $-\dfrac{1}{2}\left[\cos(x+2y)-\cos(x-2y)\right]$.

5. $|a\cos\theta|$.

6. $|a\sec\theta|$,(令 $x=a\tan\theta$).

7. $\dfrac{1-\tan^2\alpha}{2}$.

8. 略.

9. $\dfrac{2\pi}{3}$.

10. $\dfrac{\pi}{3}$.

11. $2\sqrt{7}$

12. $AB=\sqrt{2}$,$\sin(2A+C)=\dfrac{\sqrt{14}}{4}$.

13. $\dfrac{\pi}{6}$,$\cos A+\sin C\in\left(\dfrac{\sqrt{3}}{2},\dfrac{3}{2}\right)$.

14. $A=\dfrac{\pi}{4}$,$B=\dfrac{\pi}{3}$,$C=\dfrac{5\pi}{12}$.

15. $\cos\alpha$

第四章 反三角函数

1. $y=2\pi-\arccos x$,$x\in[-1,0]$.

2. $y = \arctan x - \pi, x \in (-\infty, 0)$.

3. 定义域:$[-1, 1]$;值域:$\left[-\dfrac{\pi}{2} - \sin 1, \dfrac{\pi}{2} + \sin 1\right]$.

4. 定义域:$[2, 3]$;值域:$\left[0, \dfrac{\pi}{2}\right]$.

5. 单调递增区间$\left[0, \dfrac{1}{2}\right]$,单调递减区间$\left[\dfrac{1}{2}, 1\right]$.

6. $\dfrac{x_1 + x_2}{1 - x_1 x_2}$.

7. $x_1 \sqrt{1 - {x_2}^2} - x_2 \sqrt{1 - {x_1}^2}$.

8. $\dfrac{\pi}{4}$.

9. $\dfrac{\sqrt{x^2 - 1}}{|x|}$.

10. 略

11. (1) $\dfrac{x}{\sqrt{x^2 + 1}}$;(2) $\dfrac{1}{\sqrt{x^2 + 1}}$.

12. $-\dfrac{\pi}{2} \leqslant \arcsin x \leqslant \dfrac{\pi}{2}$;$0 \leqslant \arccos x \leqslant \pi$;$-\dfrac{\pi}{2} < \arctan x < \dfrac{\pi}{2}$;$0 < \operatorname{arccot} x < \pi$;在各自定义域内都有界.

13. (1) $\dfrac{\pi}{2}$;(2) $-\dfrac{\pi}{2}$;

(3) 不存在,因为 $x \to \infty$ 包含 $x \to +\infty$ 和 $x \to -\infty$. 而且极限存在,则极限值唯一.

第五章　　极坐标与参数方程

1. $2\sqrt{6}$.

2. $\sqrt{3}$.

3.

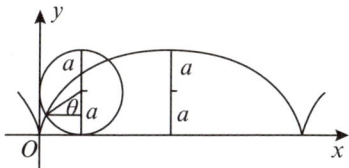

$$\begin{cases} x = a(\theta - \sin\theta) \\ y = a(1 - \cos\theta) \end{cases}$$

4.

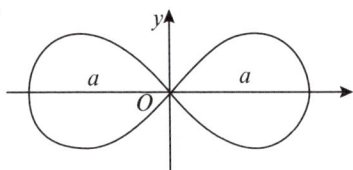

$$(x^2+y^2)^2 =a^2(x^2-y^2)$$
$$\rho^2= a^2\cos 2\theta$$

5. $\begin{cases} x = \dfrac{a}{2}+\dfrac{a}{2}\cos\theta, \\[2mm] y = \dfrac{a}{2}\sin\theta, \qquad (0\leqslant\theta\leqslant 2\pi). \\[2mm] z = a\sqrt{\dfrac{1}{2}-\dfrac{1}{2}\cos\theta} \end{cases}$

6. $C_1 : x-y-1=0, C_2 : \dfrac{x^2}{2}+y^2=1.$

7. $(1) l : y=\sqrt{3}(x+3), C : (x-2)^2+y^2=1;$

(2) 距离 $d\in\left[\dfrac{5\sqrt{3}}{2}-1,\dfrac{5\sqrt{3}}{2}+1\right].$

8. (1) C_1 是以 $(0,1)$ 为圆心, a 为半径的圆, 其极坐标方程为: $\rho^2-2\rho\sin\theta+1-a^2=0$;

(2) $a=1.$

9. $(1) A\left(\dfrac{8}{3},\dfrac{\pi}{3}\right), B(8\sqrt{3},\dfrac{\pi}{6}); (2) \dfrac{16}{3}\sqrt{3}.$

10. $\begin{cases} x=t-1, \\ y=t+3, (t\text{ 为参数}). \\ z=2t \end{cases}$

11. 点 P 轨迹的参数方程为 $\begin{cases} x=\dfrac{1}{2}\sin^2\alpha, \\[2mm] y=-\dfrac{1}{2}\sin\alpha\cos\alpha \end{cases}$ (α 为参数). 点 P 的轨迹是以

$\left(\dfrac{1}{4},0\right)$ 为圆心, $\dfrac{1}{4}$ 为半径的圆.

12. $(1) \dfrac{x^2}{4}+\dfrac{y^2}{3}=1; (2) \dfrac{16}{5}.$

13. $(1) \rho^2+12\rho\cos\theta+11=0; (2) \pm\dfrac{\sqrt{15}}{3}.$

14. $(1) \rho=4\cos\theta; (2) 2\sqrt{2}.$

15. $D:\begin{cases} 1 \leqslant \rho \leqslant \dfrac{2}{\cos\theta}, \\ \dfrac{\pi}{4} \leqslant \theta \leqslant \dfrac{\pi}{3}. \end{cases}$

16. $D:\begin{cases} \dfrac{1}{\sin\theta + \cos\theta} \leqslant \rho \leqslant 1, \\ 0 \leqslant \theta \leqslant \dfrac{\pi}{2}. \end{cases}$

第六章   线性方程组求解

1.（1）-2；   （2）$4xy$；   （3）3.

2.（1）2；   （2）2；   （3）$3abc - a^3 - b^3 - c^3$；   （4）$\dfrac{-1-\sqrt{3}\,i}{2}$.

3. $-3, \sqrt{3}, -\sqrt{3}$.

4. 笼子中有鸡 23 只，兔子 12 只.

5.（提示：利用对角线法则，直接计算两端的二阶行列式）.

6.（1）$D = 23 \neq 0, D_1 = 21, D_2 = -12, D_3 = 1$,

故方程组的解为：$\begin{cases} x_1 = \dfrac{21}{23} \\ x_2 = -\dfrac{12}{23}. \\ x_3 = \dfrac{1}{23} \end{cases}$

（2）$D = 2 \neq 0, D_1 = -4, D_2 = 8, D_3 = -2$,

故方程组的解为：$\begin{cases} x_1 = -2 \\ x_2 = 4 \\ x_3 = -1 \end{cases}$.

7.（1）$\begin{cases} x_1 = -\dfrac{3}{4} \\ x_2 = \dfrac{1}{4} \\ x_3 = \dfrac{9}{4} \end{cases}$；   （2）无解；   （3）$\begin{cases} x_1 = \dfrac{1}{6}(1+5k) \\ x_2 = \dfrac{1}{6}(1-7k) \\ x_3 = \dfrac{1}{6}(1+5k) \\ x_4 = k \end{cases}$, k 为任意常数.

第七章   复数与向量练习题

1.（1）$x_1 = \dfrac{4}{3}i, x_2 = -\dfrac{4}{3}i$；

（2）$x_1 = -\dfrac{1}{2} + \dfrac{\sqrt{3}}{2}i, x_2 = -\dfrac{1}{2} - \dfrac{\sqrt{3}}{2}i$.

2. $\operatorname{Re}(z) = \dfrac{3}{2}; \operatorname{Im}(z) = -\dfrac{5}{2}; \bar{z} = \dfrac{3}{2} + \dfrac{5}{2}\mathrm{i}; |z| = \dfrac{\sqrt{34}}{2}; \arg(z) = -\arctan\left(\dfrac{5}{3}\right).$

3. $\dfrac{2\mathrm{i}}{-1+\mathrm{i}} = \sqrt{2}\left(\cos\dfrac{\pi}{4} - \mathrm{i}\sin\dfrac{\pi}{4}\right) = \sqrt{2}\,\mathrm{e}^{-\frac{\pi}{4}\mathrm{i}}.$

4. $(1) -16\sqrt{3} - 16\mathrm{i};\ (2) -8\mathrm{i}.$

5. $(1)\ \dfrac{\sqrt{3}}{2} \pm \dfrac{1}{2}\mathrm{i}, \pm\mathrm{i}, -\dfrac{\sqrt{3}}{2} \pm \dfrac{1}{2}\mathrm{i};$

$(2)\ \sqrt[6]{2}\left(\cos\dfrac{\pi}{12} - \mathrm{i}\sin\dfrac{\pi}{12}\right), \sqrt[6]{2}\left(\cos\dfrac{7\pi}{12} + \mathrm{i}\sin\dfrac{7\pi}{12}\right), \sqrt[6]{2}\left(\cos\dfrac{5\pi}{4} + \mathrm{i}\sin\dfrac{5\pi}{4}\right).$

6. $1 + \sqrt{3}\mathrm{i}, -2, 1 - \sqrt{3}\mathrm{i}.$

7. 模不变,辐角减小 $\dfrac{\pi}{2}$.

8. $x = 1, y = 11.$

9. (1) 真; (2) 真; (3) 假; (4) 假.

10. 略.

11. (1) 以 5 为中心;半径为 6 的圆周;

(2) 实轴;

(3) 以 -3 与 -1 为焦点,长轴为 4 的椭圆.

12. 略.

13. $\boldsymbol{M_1 M_2} = (-2, 1, 0), |\boldsymbol{M_1 M_2}| = \sqrt{5}.$

14. $\left(\dfrac{3}{\sqrt{14}}, \dfrac{1}{\sqrt{14}}, -\dfrac{2}{\sqrt{14}}\right).$

15. $\pm\left(\dfrac{4}{\sqrt{57}}, \dfrac{15}{\sqrt{57}}, -\dfrac{4}{\sqrt{57}}\right).$

第八章　计数原理和排列组合

1. (1)5040;(2)720;(3)1/6;(4)0.

2. (1)210;(2)1;(3)5/6;(4)0.

3. 数字允许重复时:$4^4 = 256$;

数字不允许重复时:$A_4^4 = 4 \times 3 \times 2 \times 1 = 24.$

4. $(1)\ C_3^1 C_{37}^2;\quad (2)\ C_3^2 C_{37}^1;\quad (3)\ C_3^3 C_{37}^0;\quad (4)\ C_3^0 C_{37}^3;$

$(5)\ C_3^1 C_{37}^2 + C_3^2 C_{37}^1 + C_3^3 C_{37}^0 = C_{40}^3 - C_3^0 C_{37}^3;\quad (6)\ C_3^0 C_{37}^3 + C_3^1 C_{37}^2.$

5. 杯子中球的最大个数为 1,意味着每个杯子中至多一个球,共有 $A_4^3 = 4 \times 3 \times 2 = 24$ 放法;

杯子中球的最大个数为 2,意味着一个杯子 2 个球,一个杯子 1 个球,两个杯子没有球,共有 $C_4^2 C_3^2 A_2^2 = 36, C_4^2$ 表示从 4 个杯子任选两个放球,C_3^2 对三个球进行分组，A_2^2 对分组后两种情形进行排序，或者可以表示为 $4^3 - A_4^3 - C_4^1 = 36$；

杯子中球的最大个数为 3，意味着一个杯子有 3 个球，三个杯子没有球，总共有 C_4^1 种放法.

6. -192.

7. 提示：由排列数计算式可得 $A_n^m = \dfrac{n!}{(n-m)!} = \dfrac{n(n-1)!}{[(n-1)-(m-1)]!} = n A_{n-1}^{m-1}$.

8. 提示：$\dfrac{n}{n+1} C_{2n}^n = \dfrac{n}{n+1} \dfrac{(2n)!}{n!n!} = \dfrac{(2n)!}{(n+1)!(n-1)!} = C_{2n}^{n-1}$

9. 提示：$\displaystyle\sum_{k=0}^n C_n^k C_n^k = \sum_{k=0}^n C_n^k C_n^{n-k} = C_{2n}^n$（范德蒙卷积公式特殊情况）

10. 提示：令 $a=1, b=-1$，由二项展开式可得.

11. $1/2$.

12. 提示：$\displaystyle\sum_{i=0}^k \dfrac{\lambda_1^i\, \mathrm{e}^{-\lambda_1}}{i!} \cdot \dfrac{\lambda_2^{k-i}\, \mathrm{e}^{-\lambda_2}}{(k-i)!}$

$= \dfrac{\mathrm{e}^{-\lambda_1-\lambda_2}}{k!} \displaystyle\sum_{i=0}^k \dfrac{k!}{i!(k-i)!} \lambda_1^i \lambda_2^{k-i}$（分子分母同乘以 $k!$，提取常数公因子 $\mathrm{e}^{-\lambda_1-\lambda_2}$）

$= \dfrac{(\lambda_1+\lambda_2)^k\, \mathrm{e}^{-\lambda_1-\lambda_2}}{k!}$（二项展开式 $\displaystyle\sum_{i=0}^k \dfrac{k!}{i!(k-i)!} \lambda_1^i \lambda_2^{k-i} = \sum_{i=0}^k C_k^i \lambda_1^i \lambda_2^{k-i} = (\lambda_1+\lambda_2)^k$）.

13. 提示：$\displaystyle\sum_{k=0}^n k C_n^k p^k q^{n-k} = \sum_{k=0}^n k \dfrac{n!}{k!(n-k)!} p^k q^{n-k} = np \sum_{k=1}^n \dfrac{(n-1)!}{(k-1)!(n-k)!} p^{k-1} q^{n-1-(k-1)}$

$= np \displaystyle\sum_{i=0}^{n-1} \dfrac{(n-1)!}{i!(n-1-i)!} p^i q^{n-1-i}$

$= np\, (p+q)^{n-1} = np$

14. 提示：

$x_n = (1+\dfrac{1}{n})^n$

$= 1 + \dfrac{n}{1!} \dfrac{1}{n} + \dfrac{n(n-1)}{2!} \dfrac{1}{n^2} + \dfrac{n(n-1)(n-2)}{3!} \dfrac{1}{n^3} + \cdots + \dfrac{n(n-1)\cdots(n-n+1)}{n!} \dfrac{1}{n^n}$

$= 1+1+\dfrac{1}{2!}\left(1-\dfrac{1}{n}\right)+\dfrac{1}{3!}\left(1-\dfrac{1}{n}\right)(1-\dfrac{2}{n})+\cdots+\dfrac{1}{n!}(1-\dfrac{1}{n})(1-\dfrac{2}{n})\cdots(1-\dfrac{n-1}{n})$

$$x_{n+1} = 1 + 1 + \frac{1}{2!}\left(1 - \frac{1}{n+1}\right) + \frac{1}{3!}\left(1 - \frac{1}{n+1}\right)\left(1 - \frac{2}{n+1}\right) + \cdots$$

$$+ \frac{1}{(n+1)!}\left(1 - \frac{1}{n+1}\right)\left(1 - \frac{2}{n+1}\right)\cdots\left(1 - \frac{n}{n+1}\right)$$

显然 $\frac{1}{2!}\left(1 - \frac{1}{n}\right) < \frac{1}{2!}\left(1 - \frac{1}{n+1}\right)$，比较对应项有同样结论，

且 $\frac{1}{(n+1)!}\left(1 - \frac{1}{n+1}\right)\left(1 - \frac{2}{n+1}\right)\cdots\left(1 - \frac{n}{n+1}\right) > 0$，因此有 $x_n < x_{n+1}$.

$$x_n = 1 + 1 + \frac{1}{2!}\left(1 - \frac{1}{n}\right) + \frac{1}{3!}\left(1 - \frac{1}{n}\right)\left(1 - \frac{2}{n}\right) + \cdots + \frac{1}{n!}\left(1 - \frac{1}{n}\right)\left(1 - \frac{2}{n}\right)\cdots\left(1 - \frac{n-1}{n}\right)$$

$$\leqslant 1 + 1 + \frac{1}{2!} + \frac{1}{3!} + \cdots + \frac{1}{n!} \leqslant 1 + 1 + \frac{1}{2} + \frac{1}{2^2} + \cdots + \frac{1}{2^{n-1}} = 1 + \frac{1 - \frac{1}{2^n}}{1 - \frac{1}{2}} <$$

3.

第九章　常用不等式

1. 提示：方程左边 $= \frac{b+c}{a} \cdot \frac{a+c}{b} \cdot \frac{a+b}{c}$，然后利用基本不等式.

2. 提示：利用柯西不等式有 $\sum\limits_{k=1}^{n} \frac{1}{a_k} \cdot \sum\limits_{k=1}^{n} \frac{a_k}{k^2} \geqslant \left[\sum\limits_{k=1}^{n} \frac{1}{k}\right]^2$.

3. 提示：

方法一：利用基本不等式有 $\frac{x_1^2}{x_2} + x_2 \geqslant 2x_1, \cdots, \frac{x_n^2}{x_1} + x_1 \geqslant 2x_n$，再依次相加；或者对

方法二：对下面式子利用柯西不等式

$$\left(\frac{x_1^2}{x_2} + \frac{x_2^2}{x_3} + \cdots + \frac{x_{n-1}^2}{x_n} + \frac{x_n^2}{x_1}\right)(x_2 + \cdots + x_n + x_1).$$

4. 提示：由已知得 $x_n = \sqrt{2 + x_{n-1}}, (n = 1, 2, \cdots)$，用数学归纳法可证

$$\sqrt{2} \leqslant x_{n-1} \leqslant x_n \leqslant 2.$$

5. 提示：对 $\sum\limits_{k=1}^{n}(a_k + b_k) \cdot \sum\limits_{k=1}^{n} \frac{a_k^2}{a_k + b_k}$ 用柯西不等式.

6. 提示：

$$(1 + a_1)(1 + a_2)\cdots(1 + a_n) = 2^n\left(1 + \frac{a_1 - 1}{2}\right)\cdots\left(1 + \frac{a_n - 1}{2}\right)$$

$$\geqslant 2^n\left(1 + \frac{a_1 - 1}{n+1}\right)\cdots\left(1 + \frac{a_n - 1}{n+1}\right),$$

再利用伯努利不等式.

7. 提示:

$$\frac{1}{a+b}+\frac{1}{b+c}+\frac{1}{c+a}=\left(\frac{1}{a+b}+\frac{1}{b+c}+\frac{1}{c+a}\right)\cdot\frac{a+b+c}{9}$$

$$=\frac{1}{18}\left(\frac{1}{a+b}+\frac{1}{b+c}+\frac{1}{c+a}\right)[(a+b)+(b+c)+(c+a)],$$

然后利用柯西不等式.

8. 提示: $\frac{x+y}{4}\leqslant 1,\frac{1}{x}+\frac{1}{y}\geqslant\frac{1}{4}\left(\frac{1}{x}+\frac{1}{y}\right)(x+y)=\frac{1}{4}\left(2+\frac{y}{x}+\frac{x}{y}\right)$,利用

基本不等式即可得证.

第十章　　数列极限简介

1. 若数列 $\{a_n\},\{b_n\}$ 都无界,则数列 $\{a_nb_n\}$ 不一定无界.

比如

$$a_n=\begin{cases}n,&n\text{ 是奇数}\\0,&n\text{ 是偶数}\end{cases},b_n=\begin{cases}0,&n\text{ 是奇数}\\n,&n\text{ 是偶数}\end{cases},$$

很显然数列 $\{a_n\},\{b_n\}$ 都无界,但 $a_nb_n=0$,所以 $\{a_nb_n\}$ 是有界数列.

又比如

$$a_n=n,b_n=n,$$

很显然数列 $\{a_n\},\{b_n\}$ 都无界,此时 $a_nb_n=n^2$,所以 $\{a_nb_n\}$ 是无界数列.

所以若数列 $\{a_n\},\{b_n\}$ 都无界,则数列 $\{a_nb_n\}$ 不一定无界.

2. 选 D.

3. 证明略.

4. 0.

5. 1.

6. 2.

7. $\frac{1}{2}$.

8. $\lim\limits_{n\to\infty}\sqrt[n]{1+a^n}=\max\{a,1\}$.

9. 证明略, $\lim\limits_{n\to\infty}a_n=\sqrt{2}$.

10. 证明略.

附录 1　　一元多项式函数

1. $x=-\frac{1}{2}$.

2. (略)

3. $\dfrac{x^4+1}{x+1} = (x^3 - x^2 + x - 1) + \dfrac{2}{x+1}$

4. $\dfrac{1}{(x+1)(x^2+x+2)} = \dfrac{\frac{1}{2}}{(x+1)} + \dfrac{-\frac{1}{2}x}{(x^2+x+2)}$

5. $\lim\limits_{x \to 1} \dfrac{\sqrt{5x-4} - \sqrt{x}}{x-1} = \lim\limits_{x \to 1} \dfrac{\left(\sqrt{5x-4} - \sqrt{x}\right)\left(\sqrt{5x-4} + \sqrt{x}\right)}{(x-1)\left(\sqrt{5x-4} + \sqrt{x}\right)}$

$= \lim\limits_{x \to 1} \dfrac{4(x-1)}{(x-1)\left(\sqrt{5x-4} + \sqrt{x}\right)} = \lim\limits_{x \to 1} \dfrac{4}{\left(\sqrt{5x-4} + \sqrt{x}\right)} = 2.$

附录 2　坐标变换与矩阵

1. $\dfrac{1}{2}$.

2. $A(2, -3)$.

3. $x^2 + y^2 = 1$.

4. $\dfrac{\sqrt{2}}{2}x + \dfrac{3\sqrt{2}}{2}y - 1 = 0$.

5. $x^2 + y^2 - 2xy - 8x - 8y = 0$，抛物线.